高等教育风景园林系列教材

园林景观手绘表现技法

胡长龙　胡桂林　编著

机械工业出版社

本书针对园林景观中植物、建筑、山石、水景、园路、园桥和园林小品等景观元素,图文并茂地讲解其手绘表现要点。通过学习本书,读者可以了解园林要素、领略和掌握园林景观手绘表现的精要,提高手绘表现能力,从而使设计达到得心应手的境界。

本书可作为高等院校园林、风景园林、景观设计、观赏园艺、园艺、环境艺术、城市规划、建筑设计、旅游规划等相关专业的教材,也适合园林植物景观设计者及爱好者参考使用。

图书在版编目(CIP)数据

园林景观手绘表现技法/胡长龙,胡桂林编著. —3版. —北京:机械工业出版社,2016.4(2023.1重印)
高等教育风景园林系列教材
ISBN 978-7-111-53084-8

Ⅰ.①园… Ⅱ.①胡…②胡… Ⅲ.①园林设计—景观设计—绘画技法—高等学校—教材 Ⅳ.①TU986.2

中国版本图书馆CIP数据核字(2016)第039393号

机械工业出版社(北京市百万庄大街22号 邮政编码100037)
策划编辑:宋晓磊 责任编辑:宋晓磊
责任校对:张晓蓉 封面设计:鞠 杨
责任印制:张 博
北京雁林吉兆印刷有限公司印刷
2023年1月第3版第4次印刷
184mm×260mm·12.25印张·251千字
标准书号:ISBN 978-7-111-53084-8
定价:39.00元

凡购本书,如有缺页、倒页、脱页,由本社发行部调换
电话服务 网络服务
服务咨询热线:010-88379833 机工官网:www.cmpbook.com
机工官博:weibo.com/cmp1952
读者购书热线:010-88379649 教育服务网:www.cmpedu.com
封面无防伪标均为盗版 金书网:www.golden-book.com

前　言

　　园林景观图是园林景观设计者的语言，是表现园林具体构想的个性创作。它反映了设计者的思想和社会群众的需求，人们可以从园林景观图上形象地理解设计者的意图及其艺术效果。所以园林景观图的表现是设计者重要的艺术手段之一。设计者只有科学、艺术地表现园林景观，其作品才能得到人们的认可，园林艺术作品才能得以实现。

　　园林景观是由植物、建筑、山石、水体、园路、园桥、园灯等要素组成的。园林景观设计以园林植物为主，但也不可缺少与山石、水体、园路、园灯、园林建筑小品等景观元素的配合，园林景观图就是科学、艺术地表现它们的大小、高低、姿态及相互间的组合等。所以设计者不但要掌握绘画的技巧，还要掌握各种不同要素的特点，这样才能正确地体现设计者的意图。园林景观手绘技法的训练和培养不仅是对设计技术基本功的培养，也是对设计者快速出图素质的培养，没有手绘的基本功也很难制作出优质的计算机设计图来，所以它也是计算机制图的基础。

　　本书主要内容有：园林植物的表现技法，园林假山的表现技法，园林水景的表现技法，园林建筑景观的表现技法，园路、园桥景观的表现技法，园林小品景观的表现技法，园林景观手绘色彩表现技法等。

　　该书介绍的园林景观手绘表现技法在于启蒙读者的灵感。掌握手绘园林图的技巧，有利于再创造，而钢笔手绘图又是各种手绘园林图的基础。本书以钢笔手绘图为主，适当介绍了彩色渲染技法，并用精练的文字加以说明，还介绍了一些可借鉴的图例，并从园林植物、建筑、山石、水体、园路、园桥、园灯等园林小品方面的含意及表现技法和图例进行了介绍，简明易懂，也便于动手练习或再创作，因此也形成了本书的特色。

　　本书适宜园林、风景园林、观赏园艺、建筑设计、环境艺术、景观设计、旅游规划等专业师生参阅或教学使用，也适合风景园林设计、环境景观设计及美术爱好者参阅。书中的图只是给读者一个样式的参考。读者可以通过这些图进行练习，运用自己的绘图技巧，形成自己的风格。

本书是作者数十年来教学及科研设计工作的体验和体会之总结，也吸收了国内外专家的经验和部分代表作品，在此一并向有关专家表示衷心的感谢。

胡长龙

目 录
CONTENTS

第一部分 园林植物的表现技法

园林景观设计以植物为主，所以园林设计图中植物材料的表现就显得十分重要。它不仅能创造空间、塑造空间个性，还能增加环境色彩，表现季相，提供阴影，创造形态多变的生态景观。

一、园林植物在平面图中的表现

在园林绿化设计的平面图中，园林植物的图案不仅能正确表达设计者的意图，而且可起到装饰画面的作用。园林植物的种类很多，有树木、草坪地被及花卉等。

1. 树木

（1）乔木　乔木是既高大又有明显主干的树木，平面图上的乔木图案，通常用圆形的顶视外形来表示其覆盖范围。其平面表示可先以树干位置为圆心，树冠平均半径为半径，画出圆或近似圆后再加以表现。用线条勾勒出轮廓，线条可粗可细，轮廓可光滑，也可常有缺口或尖突；用线条的组合表示树枝或枝干的分叉；用线条的组合或排列表示树冠的质感。

树种的冠幅从小到大是逐年增大的，而图面上的冠幅是以成年树冠来计算的。成年树冠幅的计算，大乔木以5～10m、孤立树以10～15m、小乔木以3～7m为准则。

因树种不同，可由上述方法衍变成各种不同的图案，如针叶树（见图1-1和图1-2）、常绿树（见图1-3）、落叶树（见图1-4）、椰子类、竹类等图例。为了准确清楚地表现树群、树丛，可用大乔木覆盖小乔木、乔木覆盖灌木的形式表现。为避免图案的重叠，也可用粗线勾画外轮廓，再用细线画出各株小树的位置。

竹类植物可用"个"字画在种植范围内予以表现。

（2）灌木　灌木没有明显的主干，成丛生长，所以平面形状曲直多变。灌木的平面表示方法为：经常修剪的规整灌木可用斜线或弧线交叉表示；不规则形状的灌木平面宜用轮廓型和质感型表示，表示时以栽植范围为准。双行绿篱每米5株，宽1～1.5m；花灌木冠幅为1～3m为宜。灌木丛和树林常用冠幅外缘连线表示（见图1-5）。自然式的绿篱常用冠的外缘线加种植点表示（见图1-6）。

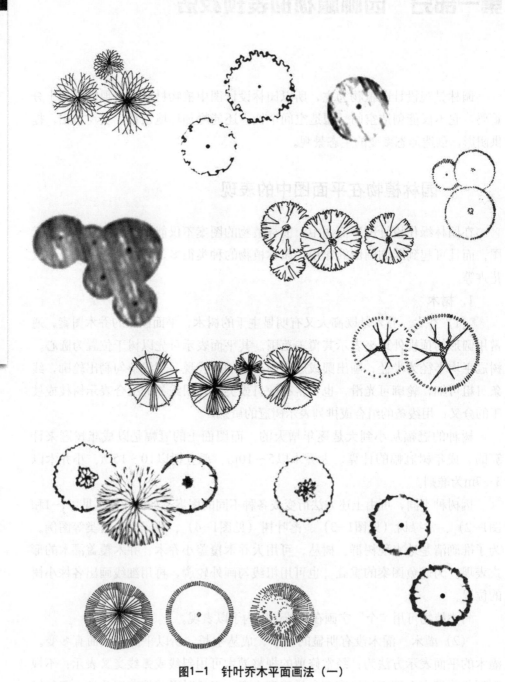

图1-1 针叶乔木平面画法（一）

图1-2 针叶乔木平面画法（二）

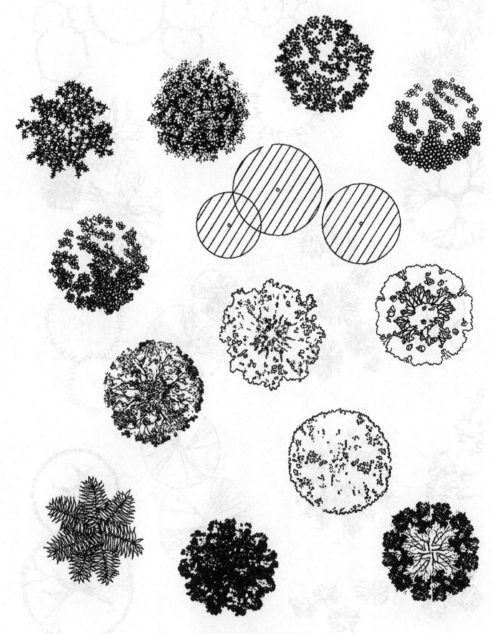

图1-3　常绿阔叶乔木的平面表现法

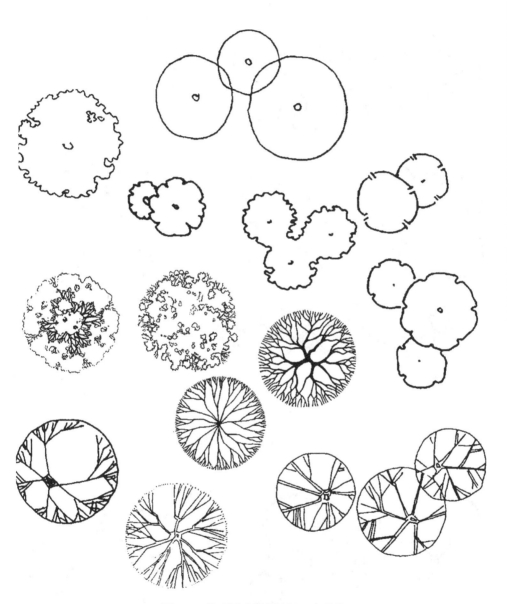

图1-4 落叶阔叶乔木的平面表现法

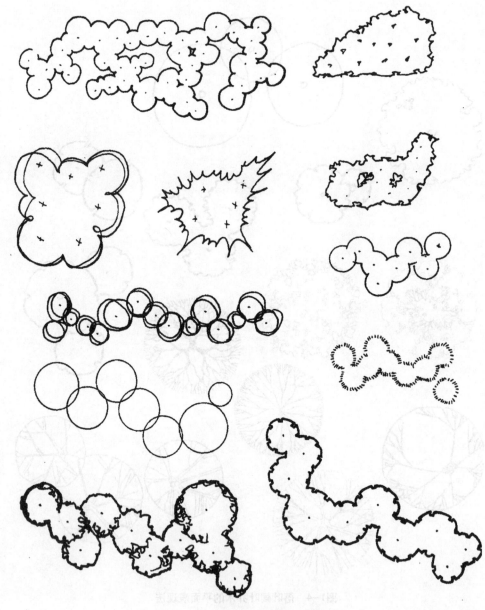

图1-5 灌木丛、树林的平面表现法

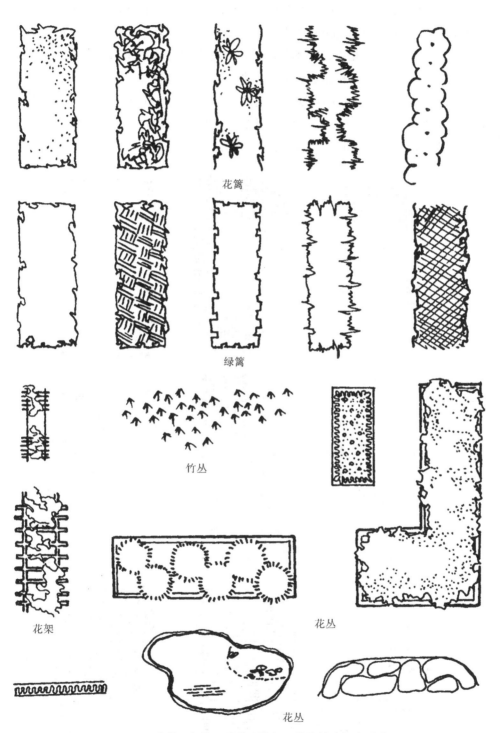

花篱

绿篱

竹丛

花架

花丛

花丛

图1-6 花篱、绿篱、竹丛、花架、花丛的平面表现法

2．草坪地被及花坛

（1）草坪地被的表现可用圆点、线点表现。在建筑的外缘或树冠附近可加密些，似作衬影，中间部分可疏些，但打点的大小应基本一致，无论疏密，点都要打得相对均匀。花卉，特别是露地花卉的表现，常用连续曲线画出花纹或用自然曲线画出花卉种植范围，其中再加上小圆圈来表现。也可用小短线法或线段排列法等表示草坪，如有地形等高线时，也可按2～6mm间距的平行线组，依地形的曲折方向勾绘稿线，并使得相邻等高线间分布均匀（见图1-7）。

（2）花坛则可用图案画法来表现（见图1-8）。

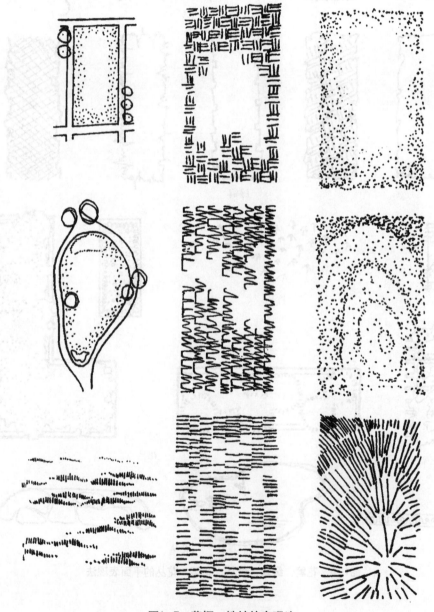

图1-7 草坪、地被的表现法

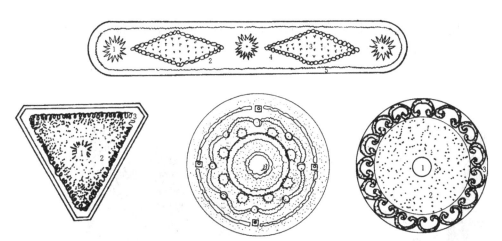

图1-8　花坛的平面表现法

二、园林植物在立面图中的表现

园林植物中的草本花卉，由于高度较矮，可应用一定高度的点或细的轮廓线表示。藤本植物主要用花廊、花架的大小比例去画，稍加一些高低起伏的轮廓线即成。这里主要阐述观赏树木的立面造型画法。

1．树干的画法

树干的观赏特性，取决于干的形状、高度和皮的色彩等。树干的形态虽各不相同，但是大多为圆柱体，基本造型有单干、直干、曲干、丛干、缠绕、攀缘、匍匐、平卧、侧卧等。

例如，常绿乔木树干，常用强有力、粗大、枝杈扭曲、疖瘤较多的手法表现；落叶乔木树干，常用通直、细致、平滑的手法表现；以天空或水面等淡色调为背景的树干，常用暗色调表现；以树丛、黑色砖墙为背景的树干，宜用亮色调表现其轮廓。

树干、树皮、光影是树干绘画的重要表现形式。如在阴影处用细小的点表现紫薇、白蜡、梧桐等光滑的干皮特点；在阴影处用粗点表现朴树、臭椿等粗糙的干皮特点；用自然块状图块表现悬铃木、白皮松等树皮；用长条笔触表现榔榆、蓝桉、桦木等树皮；用鱼鳞状图案表现油松、云杉等树皮；用方块图案表现柿树、君迁子等树皮；用纵粗短的笔触表现栎树、杨树等树皮；用横向笔触表现樱花、桃树等干皮。总之，方向要相同，形象要一致，图案花纹可以夸张。向光面的树干轮廓及裂纹线条应细而虚，背光部分线条图案应粗而实。如用光影概括表示的话，高于人的视平线的干皮，可用上弧线表现；低于人的视平线的干皮，可用下弧线表现。

生活中的树干不仅受本身冠、枝、叶遮光的影响，还受环境、墙面、地面等反光的影响。根据阳光强弱，枝叶遮荫浓淡，在树干的上部要用线条或暗调表现枝叶的阴影；而枝干的下部因受到光线直接照射或者受地面的反射，要用亮调表现（见图1-9和图1-10）。

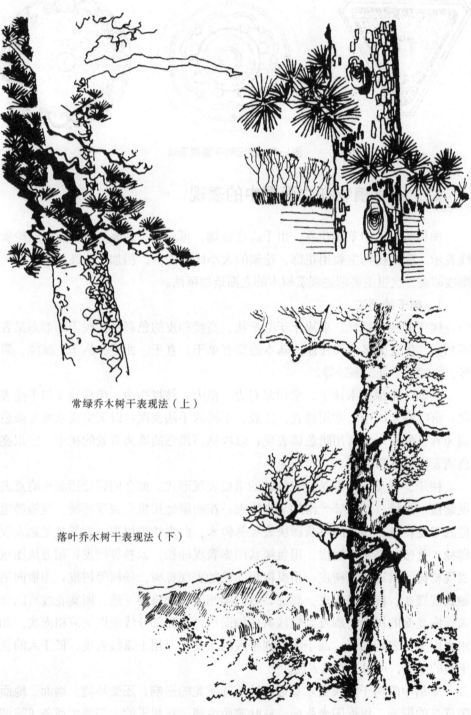

常绿乔木树干表现法（上）

落叶乔木树干表现法（下）

图1-9　乔木树干表现法（一）

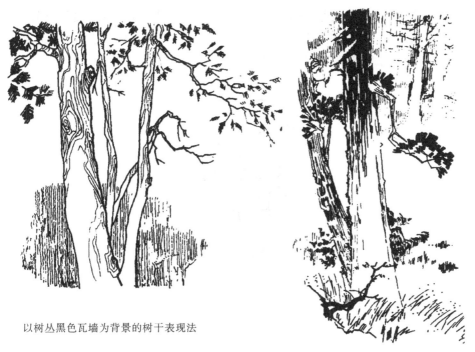

以树丛黑色瓦墙为背景的树干表现法

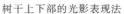

树干上下部的光影表现法

以天空、水面为背景的树干表现法

图1-10　乔木树干表现法（二）

2. 树冠画法

树木冠形的变化多种多样，它受分枝和叶群的影响极大。树木的分枝是树冠造型的骨架，它与主枝是否明显以及分枝的排列方式、方向及角度等有关。

针叶树多采用主枝明显的绘法，如雪松、云杉等用总状分枝的形式表现尖塔形、圆锥形、圆柱形的树冠（见图1-11）。

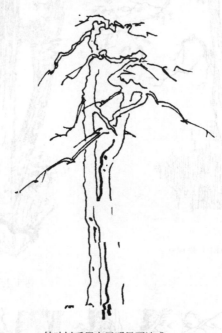

针叶树采用主干明显画法或
用总状分枝形式来表现

图1-11 乔木树冠表现法（一）

阔叶树多采用主枝不明显的画法，如合欢、丁香等用假二歧分枝的形式表现倒三角形、卵形或圆球形树冠。另外，可用合轴分枝的形式来表现圆球形、卵圆形树冠（见图1-12）。

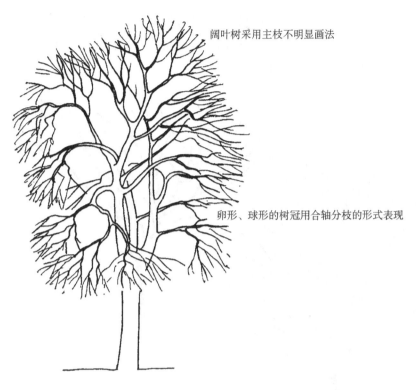

阔叶树采用主枝不明显画法

卵形、球形的树冠用合轴分枝的形式表现

假二歧分枝的形式表现倒三角形树冠

图1-12　乔木树冠表现法（二）

　　树干的分枝方向、分枝与主干夹角不同，表现方法也应该不同。树干的分枝根据分枝与主干夹角的大小可分为枝条开展、平展、上伸、下垂等形式，分枝本身又有大小、粗细之分。大枝轮廓用双线表示。向前伸的主枝可用下弧线制作阴影效果，向后伸的可用上弧线反映阴影效果，左右伸枝可用上下弧线制作阴影效果，最后还要画出枯枝、桩眼等。中等分枝可用细双线表示，或用一边细、一边粗来表现光影效果，小的细枝用单线即可。在分枝的排列方式上，其角度、前后相衬要明确（见图1-13）。

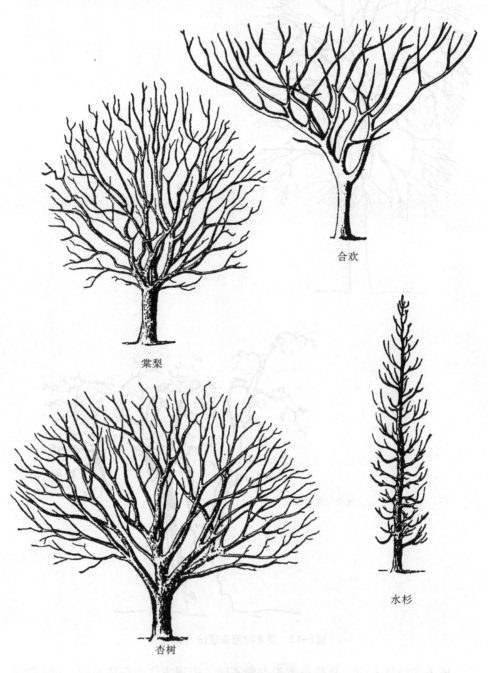

图1-13 树冠分枝的表现法

树叶是观赏树木造型的外衣。在枝条上画上树叶，即完成了树冠的外形。树种不同，叶的大小、形态、质地也不相同，如单叶、复叶、圆形、卵圆形、披针形等。一天中早、中、晚树叶的反射亮度各有不同，一年中春、夏、秋、冬的叶色也有嫩绿、深绿、红、褐等色彩的变化（见图1-14和图1-15）。

树冠总体的画法，先要以树干为中心，画出大轮廓，再画出各叶群的小轮廓，逐步深入。若树冠的背景是蓝天，外轮廓线要清晰自然，在轮廓的外缘及块状叶群外缘的叶形要表示树种的形象特征。整体冠形受光部分要亮，背光部分要暗，而叶群的内部要更暗。每块叶群也一样。树冠的整体要有疏有密、疏密自然，要有概括、夸张，不能平均分布，以免呆板。

图1-14 树叶表现法（一）

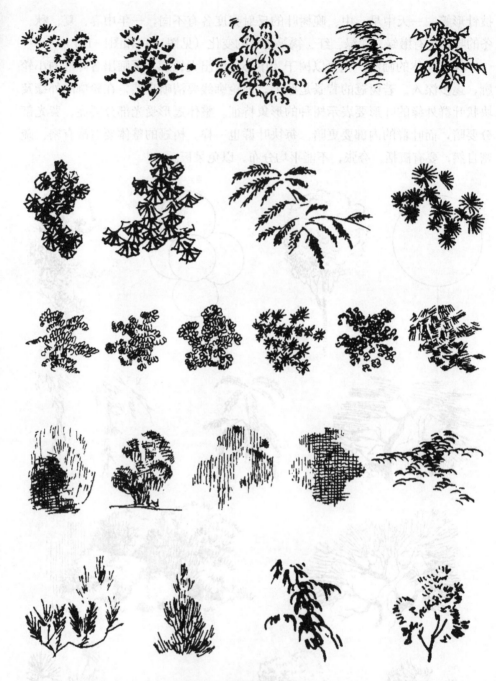

图1-15 树叶表现法（二）

常绿树冠宜用重笔触去刻画，特别是针叶树的树叶要用短而刚直的笔触刻画，叶群的大小、造型及针叶的方向都要重点刻画（见图1-16）。

落叶阔叶树冠的叶，宜用浅色、细线条或大块面来表现，但在受光部位或地面反光部位宜用浅色或细线条表现，在阴影处应用深色或粗线条来表现。树种不同，叶形也不一样，可用点、线和不同形状的小图案表现（见图1-17）。

常绿阔叶树的表现法

常绿针叶树的表现法

图1-16 常绿树树冠表现法

图1-17 落叶阔叶树冠的表现法

3. 观赏树木整体造型画法

我国园林观赏的树木品种类型繁多。根据树木的高低、大小、主干形态等的不同，可分为乔木、灌木、匍地木、攀缘木等；以树冠的外形不同，可分为圆球形、卵形、圆锥形、尖塔形、伞形等。每种树又有生长型、生态型和人工修剪型等不同类型。

（1）生长型表现法　一种树木从幼年到衰老要经过数十年、上百年甚至上千年。从幼树到老年树的不同生长阶段，要用不同的手法表现。例如，用大比例、冠形不明显、枝叶繁茂、叶形大等表现幼树的形态；用中等比例、干皮浅裂、树木冠形上尖或呈圆锥形、枝叶繁茂向外伸展、俊秀饱满等表现生长力旺盛的树木形态；用小比例、树冠圆顶或平顶、分枝枯状、小枝小叶成团状丛生等形式表现苍老的树木（见图1-18）。

老年树型　　　　　　　　　　　幼年、中年树型

图1-18　桧柏在不同树龄时的表现法

　　（2）生态型表现法　每种树都要求一定的生活条件，要求最佳的光、温、水、肥、气来保证树木的生长发育。但是，往往同种树在不同的生长条件下，也会呈现出各种不同的形态。例如，生长在寒冷风口的树木，其树冠用一边枝叶茂盛，一边为枯枝的旗形树冠表现；生长在干旱瘠薄土壤上的树木，用枝叶稀疏、瘦弱来表现；生长于肥沃土壤上的树木，用枝叶茂密来表现；生长在开

敞空间的孤立树，用枝叶丰满、树冠完整的外形表现；树林中生长的树木用树冠顶端枝叶生长健全、中上部枝条向上伸展、下部枝叶枯落等形式表现。用树冠枝叶外形饱满、内部枝叶稀疏、空透、分枝高等特点表现阳性树木的外形；用树冠枝叶稀疏、上下内外枝叶层次丰富、枝下高较低等表现阴性树种（见图1-19～图1-24）。

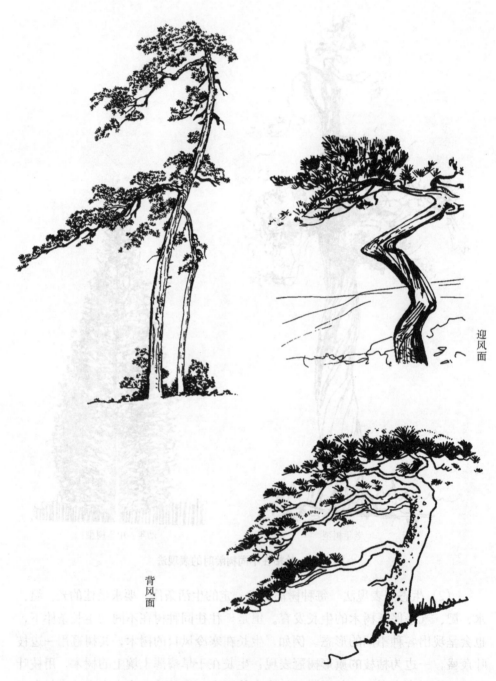

图1-19　生长于风口处的树木形态

图1-20　生长于干旱瘠薄土地上的树木形态

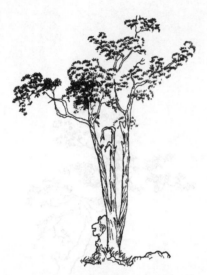

图1-21 生长于树林中的树木形态

图1-22 生长于立地条件较好的开敞空间中的孤立树形态

图1-23 阴性树木形态

图1-24 阳性树木形态

（3）人工修剪型表现法 各种树木都可以通过人工修剪来创造出各种奇特的造型。若树龄不高，可以通过人工修剪形成其自然苍老的树形，其表现方法同老树表现法。特别是宝塔形、动物形或几何形象的常绿树，多采用点或短线条表现（见图1-25和图1-26）。

（4）其他表现法 远景、阴天、背光或阴影中的树木，色彩灰淡，光影变化减弱，树形轮廓则为其主要之点。

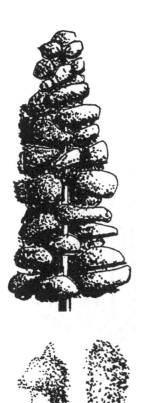

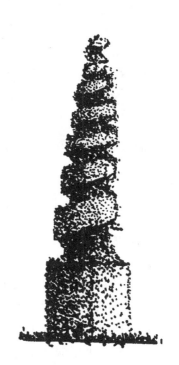

图1-25 人工修剪型树木表现法（一）

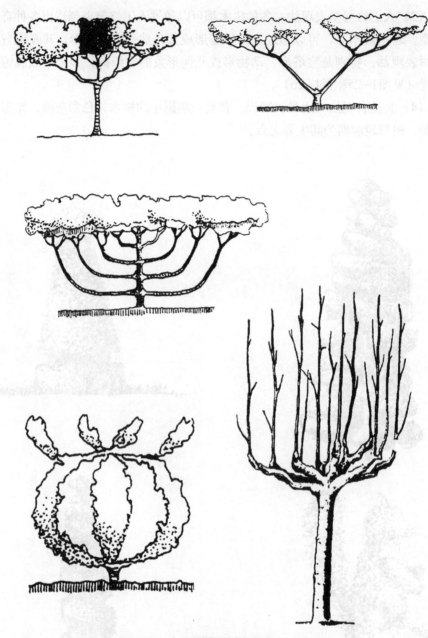

图1-26　人工修剪型树木表现法（二）

　　另外，树木整体造型画法还有轮廓法、质感法、分枝法等。轮廓法，先用铅笔勾画出树木外形、主要枝团轮廓和主干、主枝，再用钢笔画出外围轮廓和主要枝团轮廓，最后用钢笔描出没有被树冠叶枝遮挡的主干、主枝（见图1-27）。质感法，先用铅笔勾画出树冠轮廓及枝团轮廓，再用钢笔以点、线、三角形等表现树木的质感（见图1-28）。分枝法，先用铅笔勾画树木的主要分枝及树冠轮廓，再用钢笔画出分枝的形态。注意用笔勾画时，所有笔画不应超出树冠外围基本轮廓（见图1-29～图1-31）。

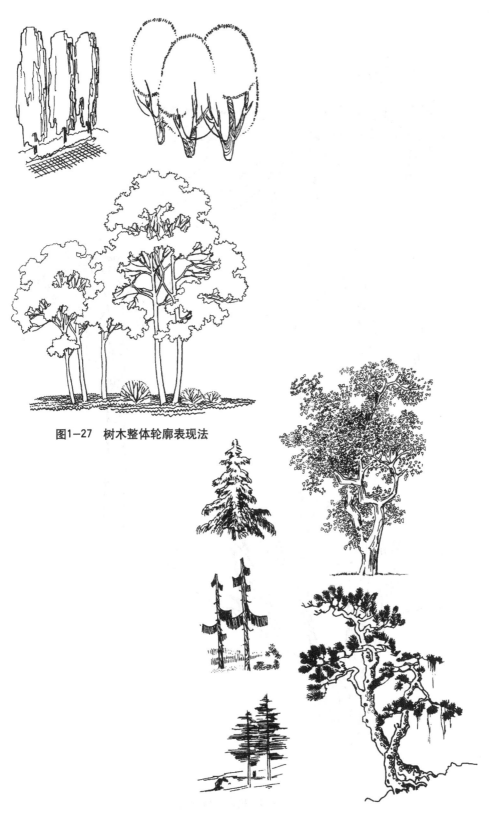

图1-27 树木整体轮廓表现法

图1-28 树木整体造型质感表现法

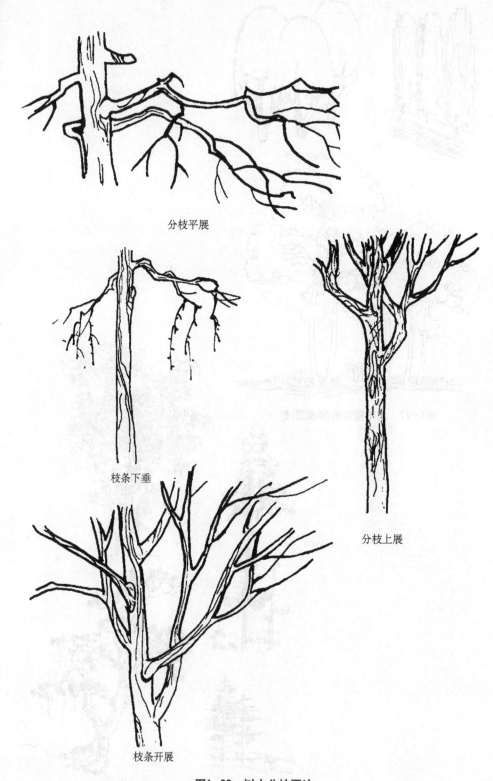

分枝平展

枝条下垂

分枝上展

枝条开展

图1-29 树木分枝画法

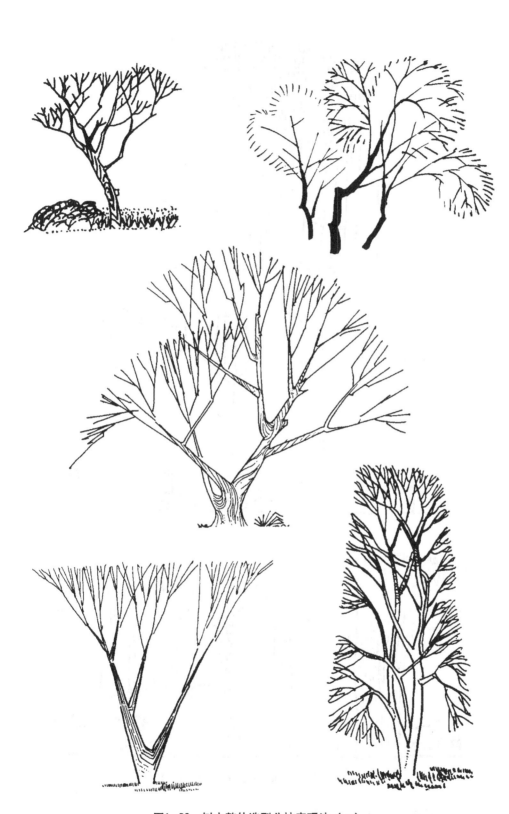

图1-30　树木整体造型分枝表现法（一）

图1-31　树木整体造型分枝表现法（二）

4．常用树种造型景观表现

（1）常见北方树木的表现（见图1-32～图1-71）

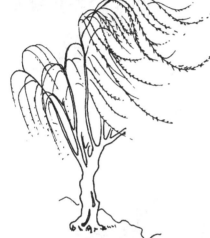

图1-32　垂柳的表现法（一）

图1-33　垂柳的表现法（二）

图1-34 河柳（左）、旱柳（右）的表现法

图1-35 龙爪柳的表现法

图1-36 榉树冬景的表现法（一）

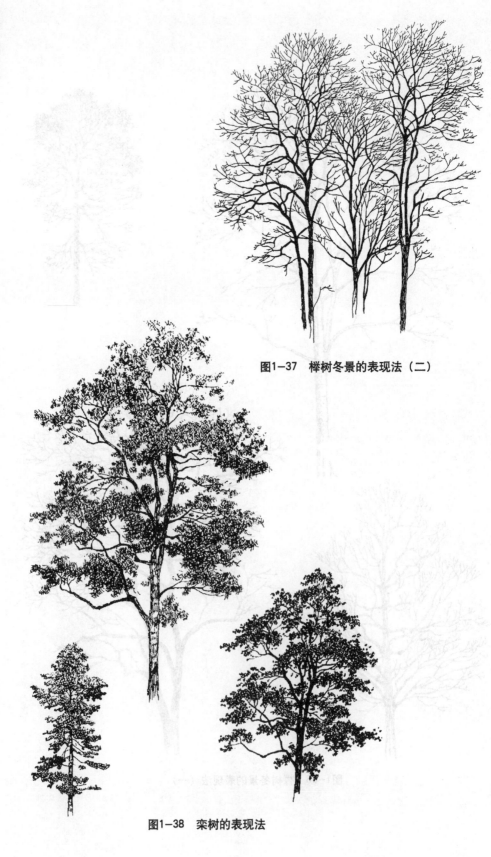

图1-37　榉树冬景的表现法（二）

图1-38　栾树的表现法

图1-39 国槐冬景的表现法

图1—40 枫树的表现法

图1—41　枫杨冬景的表现法

图1-42 枫香冬景的表现法

图1-43 枫香的表现法

图1-44 泡桐的表现法

图1-45 樟树的表现法

图1-46　石楠（上左）、枫杨（上右）、丁香（下）的表现法

图1-47 杉木的表现法

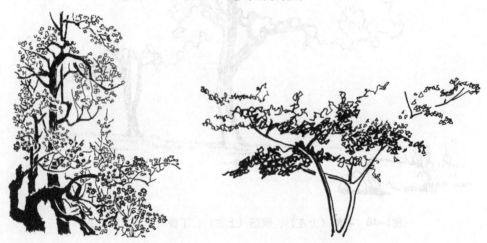

图1-48 枫树（左）、槭树（右）的表现法

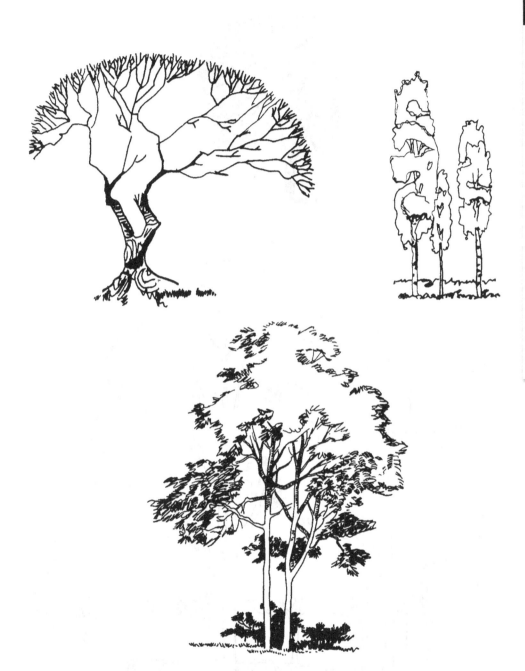

图1-49 朴树（上左）、杨树（上右）、榉树（下）的表现法

图1-50　银杏（上）和悬铃木（下）的表现法

图1-51 松的表现法（一）

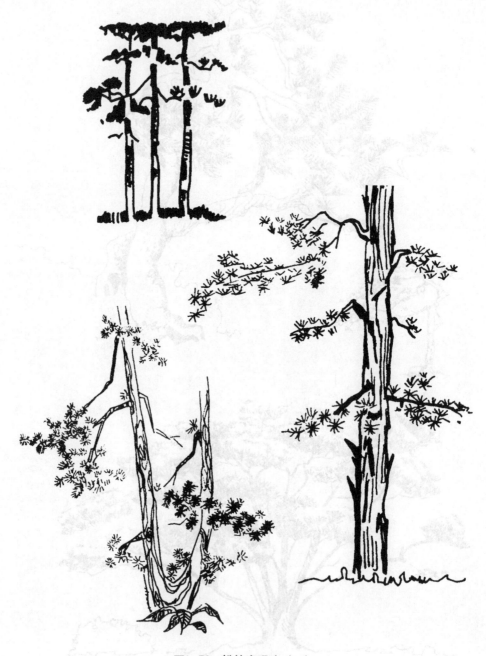

图1-52 松的表现法（二）

图1-53 松的表现法（三）

图1-54　松的表现法（四）

图1-55　松的表现法（五）

图1—56 松的表现法（六）

图1-57 金钱松（左）、柳杉（右）的表现法

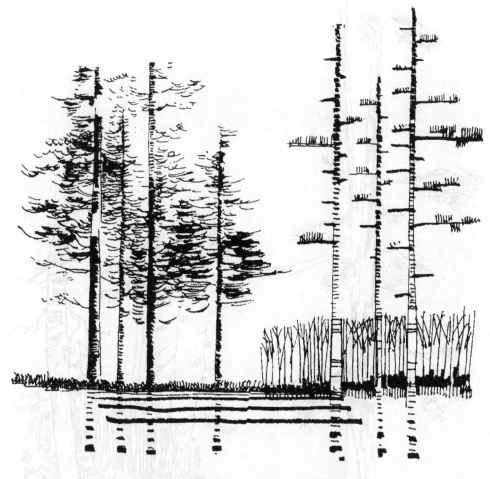

图1-58 水杉（左）、池杉（右）的表现法

图1-59　冷杉的表现法

幼年

中年

老年

图1-60　柏树的表现法

图1-61 雪松的表现法

图1-62 女贞（上）、樟树（下）的表现法

图1-63 紫薇（左）、杨树（右）的表现法

图1-64 朴树（上）、龙爪槐（下）的表现法

图1-65 朴树（上）、榆树（下）冬景的表现法

图1-66 老梅树的表现法

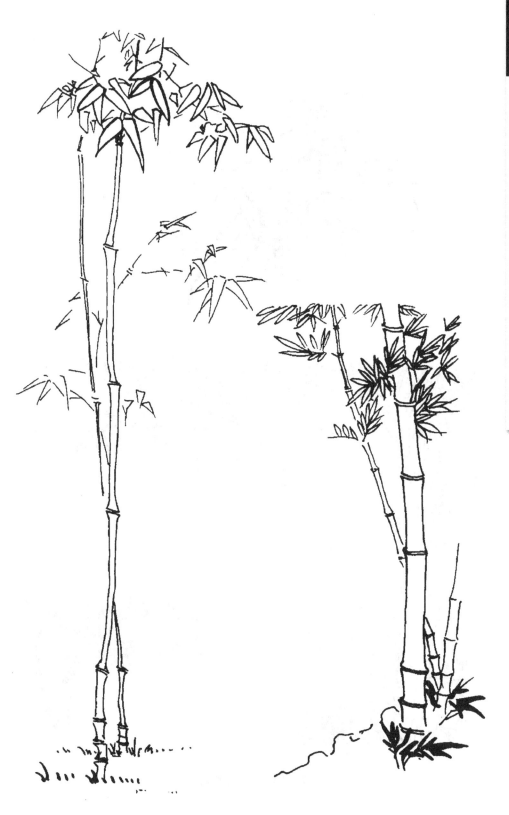

图1-67　竹的表现法

图1-68　竹丛的表现法

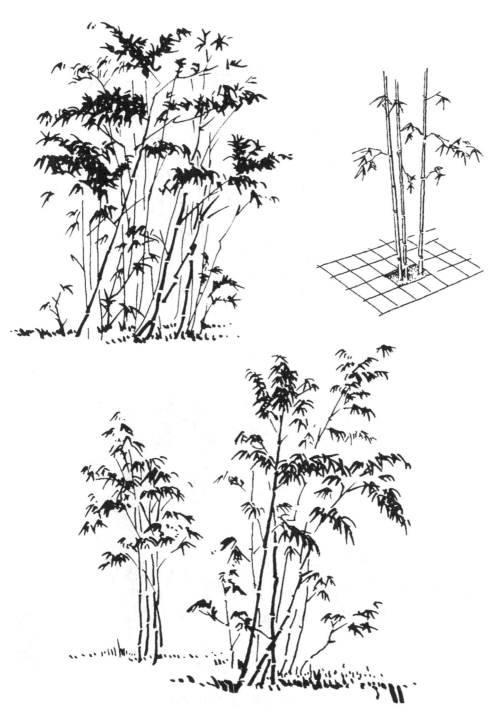

图1-69 竹林的表现法

图1-70 竹林、丛生竹的表现法

图1-71 竹林、竹丛的表现法

（2）常见南方树木的表现（见图1-72～图1-79）

图1-72 芒果（上）、木棉（下左）、银桦（下右）的表现法

图1-73 棕竹（左）、槟榔（右）的表现法

图1-74 散尾葵、棕竹的表现法

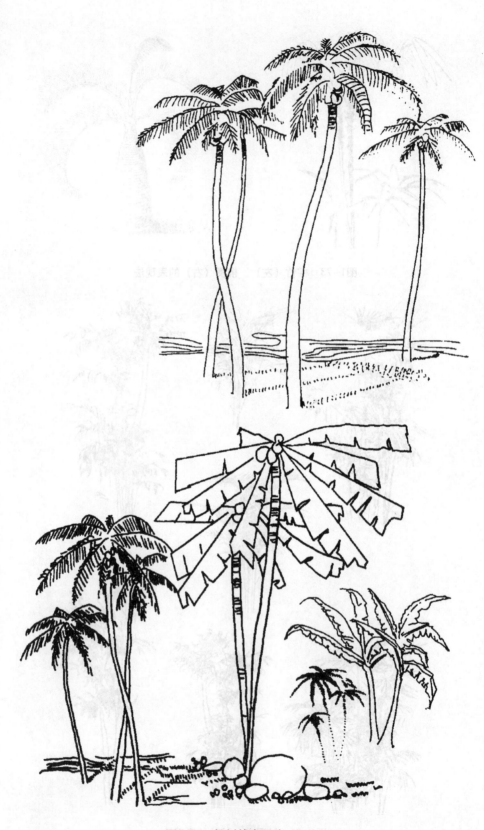

图1-75 椰树的表现法（一）

图1-76 椰树的表现法（二）

图1-77 苏铁（左）、大王椰子（右）的表现法

图1-78 棕榈的表现法（一）

图1-79　棕榈的表现法（二）

三、园林植物造景图例

1. 花架的表现

攀缘植物依附在竹、木、金属等建材建造的架子上，具有遮荫、美观、休闲的功能，故称之为花架。可用自然流畅的笔调绘出攀缘植物在架子上的弯曲枝条及架子的造型（见图1-80）。

2. 盆花的表现

盆花是指在小型的盆子里种植的微型花卉，可机动灵活地布置在室内外。

无论将它放于几台上，还是悬挂在天花板上都很美观。可用点或细线绘出花卉的种类外形及叶、花、果及盆的造型（见图1-81~图1-84）。

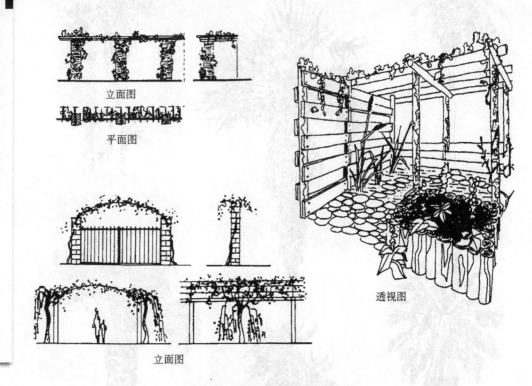

图1-80　花架的表现法

图1-81　盆花的表现法（一）

图1-82 盆花的表现法（二）

图1-83 盆花的表现法（三）

图1-84 盆花的表现法（四）

3. 花台的表现

常见的花台高40~100cm，其中有营养土，并栽种各种观赏植物，具有总体造型、花色、芳香之美。可用细线刻画出花木的形态及花台的造型（见图1-85~图1-87）。

图1-85　花台组合表现法（一）

图1-86 花台组合表现法（二）

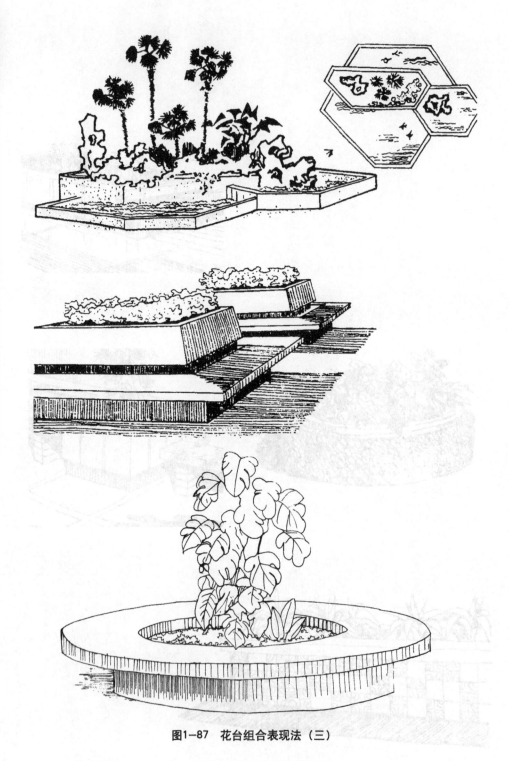

图1-87 花台组合表现法（三）

4．花坛的表现

一般花坛都有一个几何形的轮廓，其中种植各种低矮的花卉，形成各种美丽的图案。有独立花坛、带状花坛、模纹花坛等。可用各种点画法来表现图案画面（见图1-88~图1-90）。

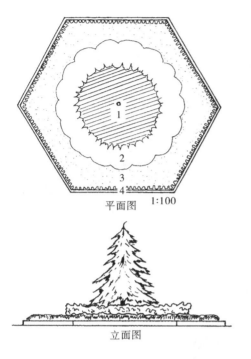

平面图 1:100

立面图

透视图

图1-88 独立花坛表现法

1—雪松 2—美人蕉 3—串红 4—葱兰

透视图

透视图

透视图

图1-89 立体模纹花坛表现法

平面图

立面图

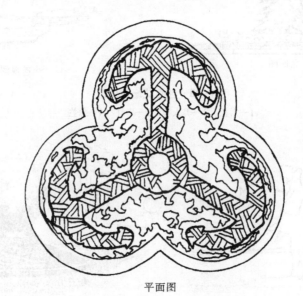

平面图

透视图

图1-90 模纹花坛表现法

5．花箱的表现

以木、竹、瓷、塑料、玻璃钢等材料制作的各种花箱里，填充营养土，并栽种着各种花木，形态各异，机动灵活地布置着，以美化环境。可用细线条表现花木的体形特点和花箱造型（见图1-91和图1-92）。

图1-91　花箱表现法（一）

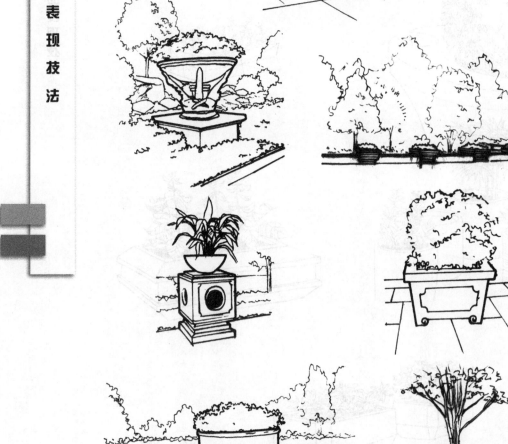

图1-92 花箱表现法（二）

6．绿篱、树墙的表现

绿篱、树墙一般是将常绿花灌木修剪成树墙形状的景观，主要起到分隔空间的作用。树墙高50cm的为中篱，高150cm以上的为高篱，高200cm以上的为绿墙。以点画法或曲线法表现其造型和光影效果（见图1-93～图1-95）。

图1-93 绿篱表现法

图1-94 树墙表现法（一）

图1-95 树墙表现法（二）

第二部分　园林假山的表现技法

假山、点石也是园林中的要素之一，是园林中自然山体的人工再现，在园林绿化中被广泛应用，它可以独特地创造参差的石峰，也可以与植物、建筑、水体相互搭配，创造出姿态玲珑的园林景观，使人步入其中犹如身临名山、大川或丘壑。

一、园林假山石的表现

常用的假山石材料有湖石、黄石、青石、石笋和卵石等。

1．湖石

湖石是经过溶融的石灰岩，如太湖石、房山石、英石、宣石等。其纹理纵横，脉络起隐，石面上留有很多坳坎，有沟、缝穴、洞、窝洞相套。特别是太湖石，自古以来就具有漏、瘦、皱、透、丑等特点（见图2-1）。其画法如下：

（1）随形体线表现，勾画出湖石自然曲折的轮廓。

（2）刻画洞穴，通过加深其背光处来强调洞穴的明暗对比。

图2-1　以洞穴明暗对比表现湖石

2．黄石

黄石是橙黄颜色的细砂岩。山石形体棱角明显，节理和面平直，具有强烈的光影效果，以雄浑沉实为特色。其画法如下：

（1）用平直转折线来表现块钝棱锐的特点（见图2-2）。

（2）在背光面加重线条，使其与受光面形成明暗对比。

图2-2　用平直转折线表现黄石

3．青石

青石是青灰色的细砂岩，具有片状特色。其画法是用有力的水平线条来刻画突出其多层片状的特点。亮侧面用细腻折线，背光侧面用粗的折线来刻画石片的层次（见图2-3）。

图2-3　用水平线条刻画青石

4．卵石

卵石是一种表面比较光滑且体态圆润的石体。多用圆弧、曲线表现外轮廓，内部采用细曲线适当修饰光阴即可（见图2-4）。

图2-4　用圆弧和细曲线表现的卵石

5. 石笋

石笋是一种外形修长如笋的山石。其画法是要先刻画其修长的气势轮廓，再画圆形小石子，以斧劈线条、椭圆形线条的疏密分布来体现明暗，表现立体（见图2-5）。

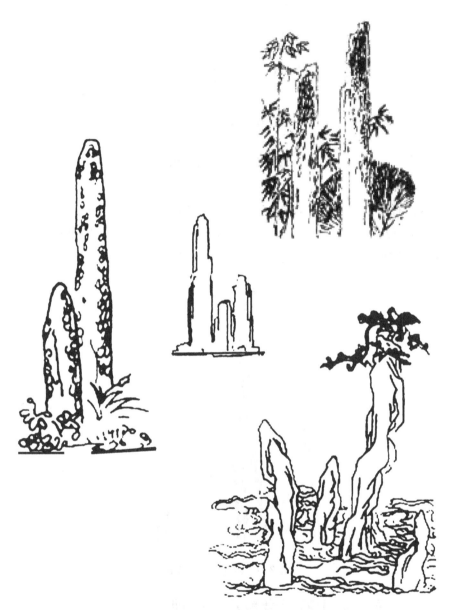

图2-5 以斧劈线条、椭圆形线条表现的石笋

6. 钟乳石

钟乳石又称石钟乳，是在碳酸盐岩地区的洞穴内特定的地质条件下，经过漫长的地质历史变化，所形成的石钟、石笋、石柱等不同形态的碳酸钙凝聚物。画法同石笋（见图2-6）。

图2-6　钟乳石的表现法

7．木化石

　　木化石又称树化玉或硅化木，是数百万年的树木被迅速埋葬地下后，木质部分被地下水中的二氧化硅交换而形成的树木化石。可先用粗狂的轮廓，再用细线刻画木质结构和纹理，形成玉石质感（见图2-7）。

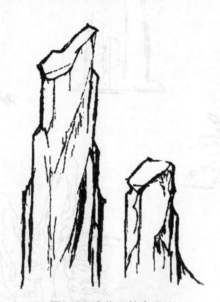

图2-7　木化石的表现法

二、　园林假山石组合景观的表现

　　园林假山石组合景观，是指自然山石相互搭配组合的人工景观。其表现含义丰富，造型各异，使用广泛（见图2-8）。例如，三尊石组，一大，两小，表示释迦，又称伏石；须弥山石组，象征大海中露出水面的岩石山；蓬莱石组，也称蓬莱三岛、三神岛，常用在水域中的景观等。

图2-8　假山石组合景观表现法

三、园林假山在平面图中的表现

假山、点石平面图通常只用线条勾勒轮廓，很少采用光线、质感的表现方法，以免失之零乱。用线条勾勒时，轮廓线要粗些，石块面、纹理可用较细较浅的线条稍加勾绘，以体现假山石的体积感。不同的石块，其纹理不同，有的圆浑，有的棱角分明，在表现时应采用不同的笔触和线条（见图2-9和图2-10）。

图2-9　园林假山平面效果图表现法

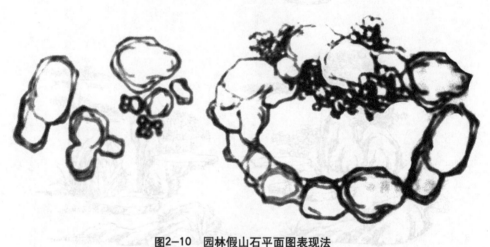

图2-10　园林假山石平面图表现法

四、园林假山在立面图、剖面图中的表现

园林假山的立面图与剖面图的表现技法基本相同。立面图是假山的正面观，表现方法就是正面效果图的画法（见图2-11）；而剖面图上的轮廓线应用剖断线或粗线来表示，在假山石的剖面范围内还可加上斜纹线，以表示剖面的大小和位置，其他部分的表现与立面图相同（见图2-12）。

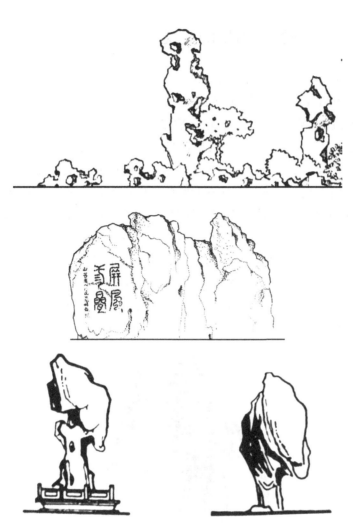

图2-11 园林假山立面图表现法

图2-12 园林假山剖面图表现法

五、效果图中整体山景的表现法

园林中的假山实体有土山、石山以及土石的混合体等，关于其表现技法，先辈自古以来就给我们留下了宝贵的经验。

1. 土山或质地松软的岩石山峦的表现技法

（1）表现大型山脉的技法　大型奇峰，笔法略带交叉，可用荷叶皴或披麻皴表现山脉的纹理。也就是在绘出大型山脉轮廓的基础上，皴笔从大型山脉的山峰开始，向下屈曲分披，形成荷叶叶脉般的图案，犹如大型山峰坚硬的石质，经过多年自然分化剥蚀后出现的深刻的裂纹。或者用长短参差松软的线条，灵活地画出土坡，或者以排列相对整齐、紧密柔美的长线条表现长岭。线条排列似疏而实，似松而紧，略带弯曲。例如，远望黄山的莲花峰在自然界中的景观。用披麻皴描写江南山水，淡墨轻岚，不装巧趣，具有浑朴自然的风格。大山、群山也可以用点为主的落茄皴笔法来烘托、渲染青翠葱郁的山林。点中带线，点面结合，有明暗、虚实、疏密的变化（见图2-13～图2-16）。

图2-13　斧劈皴表现法

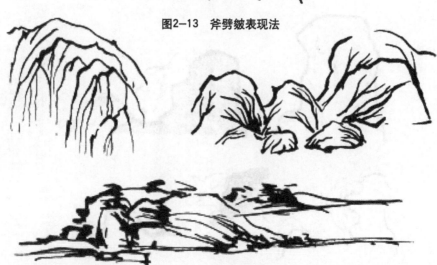

图2-14　荷叶皴表现法

图2-15 用披麻皴表现大山脉的纹理景观

图2-16 用荷叶皴表现大山脉的景观

（2）表现小山和近山的技法　表现小山，起伏的小山峦，或水平横向发展的斜坡土丘，可用横向披麻皴法，或用解索皴来表现山土的松软。即用笔屈曲密集，图面犹如解开的绳索（见图2-17）。花草生长茂密的松软石皮山，也可用牛毛皴、短披麻笔法表现。

图2-17 用横向披麻皴、解索皴表现小山和近山景观

2．石山的表现技法

石山的山体常用斧劈皴、落茄皴的笔法来表现。即用线肯定、灵变，着重力度、速度等构成因素，沿着山石结构，顺势挥扫，头重尾轻，不足处稍加渲染，犹如刀砍斧劈，体现硬朗、坚凝的力度美。常先用较粗的线条勾勒石山的轮廓，然后以较细的线条横刮画出皴纹，或用淡墨渲染。

（1）花岗岩山头

大山石削壁，可用粗矿、横行的大斧劈皴法表现。风化了的花岗岩剥落山岩，可用小斧劈勾皴（见图2-18）。

（2）沉积岩石山

在完成沉积岩石山轮廓的基础上，用折带或横披麻皴表现水平横向层次感。即在山石的细部用短披麻皴和擦。用较细的线条，向右行，再转折横刮，向左行，再转折向下，画出折带图案，刻画出沉积岩石山体的特色（见图2-19）。

图2-18　用斧劈皴表现大山　　图2-19　用折带、横披麻皴法表现水平横向沉积岩石山景观
石峰景观

（3）海中礁石山

在绘出礁石山形体轮廓的基础上，再用米点皴、锤点皴、小斧劈，或用圆头斧劈皴法表现礁石上的弹窝等细部（见图2-20～图2-22）。

图2-20　用锤点皴、小斧劈、圆头斧劈皴法表现礁石景观（一）

图2-21 用锤点皴、小斧劈、圆头斧劈皴法表现礁石景观（二）

图2-22 用小斧劈皴法表现礁石景观

第三部分　园林水景的表现技法

"山不在高，有仙则名，水不在深，有龙则灵……"水被誉为园林的"生命"，园林的"灵魂"，因为它是一个活体。水的形态表现各异，如奔腾急流、迂回曲折、微波荡漾、磅礴激射等。水面无时不动，大风时有大波浪，小风时有小波纹，有高低水位差时便会向下流动。借助机械动力还可将水射向空中。园林中的小水面可呈现水明如镜，清澈可见，倒影依稀，波光粼粼的景观。

一、园林水景的表现

水体在园林中具有明显的虚实对比之感，富有很强的生命力。水景还可成为园林中的"脉络"或"系带"，应用于建筑及其环境中（见图3-1和图3-2）。用水连续形成一体化的特征，使之成为空间的连接要素（见图3-3）。因为水具有连续性，不仅被用作空间的导向、统一、连接的因素，还被用作隔

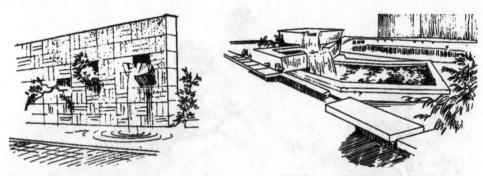

景墙与流泉成为一体　　　　　　　高低错落，为多方位欣赏创造条件

香港太古城人工瀑布，水量不大，但形象丰富

图3-1　水景应用于建筑及其环境中（一）

离、划分空间的因素（见图3-4）。它与我们习用的如绿篱、花坛、地面的不同高差和透空屏障等处理手法一样，能赋予空间以特殊的意义。跨越某一水界，就意味着进入了另一活动领域。这时的水对空间又起着限定制约的作用。

图3-2　水景应用于建筑及其环境中（二）

透视图

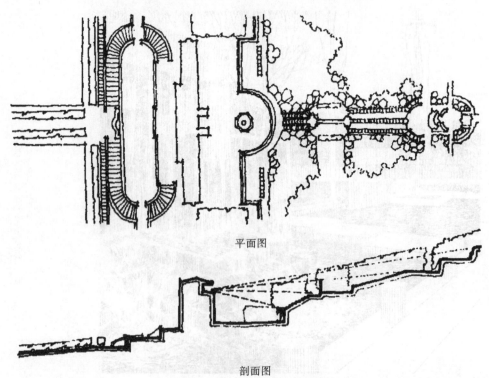

平面图

剖面图

图3-3　连续的水成为空间连接要素

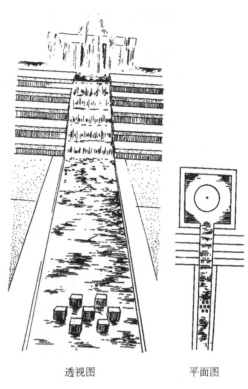

透视图 　　　　　　　平面图

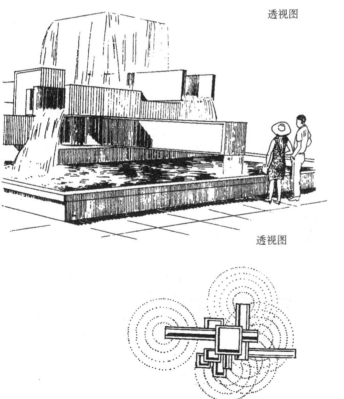

透视图

平面图

图3-4 连续的水景用作隔离、划分空间的因素

二、平面图中水景的画法

1．规则式水池

规则式水池在平面图上多为几何形的外轮廓，可用工具或徒手排列的平行线条表现水面。作图时，既可以将整个水面全部用线条均匀地布满，也可以局部留白，或者只局部画些线条。线条可采用波纹线、水纹线、直线或曲线。组织良好的曲线还能表现出水面的波动感（见图3-5）。

2．自然式水池、河流、溪水

自然式水池平面图轮廓自然，常用粗线画出水池轮廓即驳岸，在其内部沿岸边常用2～3条细线表示水面线和池水的等深线，线与线之间宽窄不等，自然流畅，以示深度的不同。水面上还可用3条水波纹代表水（见图3-5）。

河流和溪水具有"线"的形态特征，这类"线"表示方向并起引导作用，还具有联系统一和隔离划分的功能。这类具有线状形象特点的水体在园林中成为主要的造景因素。在诸多的要素中，一线绵延长流的水，将显示其在所处环境中的支配作用，所有的造景因素都直接或间接地受其影响。因此，应用自然流畅的粗线表示其岸边，用细线表示其内部的等深线。

也可以用彩铅、水彩或墨水平涂表现水面。可将水面渲染成类似等深线的效果：先用淡色画等深线，然后再一层层地渲染，使离岸较远的水面颜色较深。

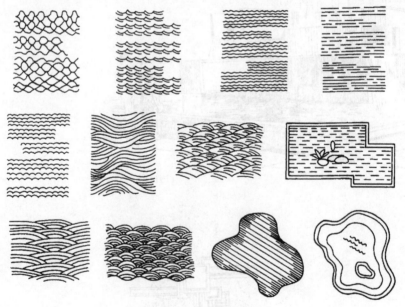

图3-5　水体平面表现法

三、剖面图中水景的画法

剖面图中的水景常用一根水平细线或细波纹线来表现（见图3-6）。

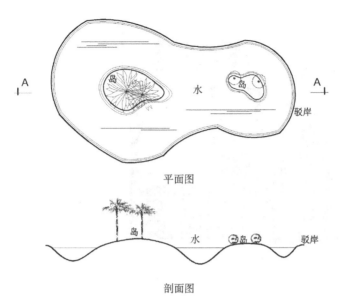

平面图

剖面图

图3-6　水体剖面图表现法

四、透视图中水景的画法

为了表现水面的透视关系，近距离的水面用粗而疏的平行线表现，远距离的水面用逐渐变得细而密的平行线表现。以加粗的平行线表现岸边景物在水中的倒影。近水面中可用小草或石块加以点缀，使画面更为生动。

被风吹动的水面常用网巾式样表现。画出平行波纹线，上下的浪谷相对（见图3-7）。大水面可用波形短线或人字线表现。由于日光斜射或风波云影掩映，所以不必把水面画满。特别是两山之间的水流较急，线条要长而流畅，顺流而下不能停滞；如果水流下山即形成多支瀑布，要注意大小不宜相同（见图3-8）。

图3-7　被风吹动的水面表现法

图3-8 瀑布的表现法

　　喷泉则是借助机械动力射向空中的一种动观水景，它被广泛用作城镇广场、街道路口、庄园宫殿、风景园林的构图核心，它和灯光相配可创造出各种艺术造型（见图3-9～图3-11）。它的存在成为空间中最活跃的因素（见图3-12）。流动的、活泼的水，可使一个静止的空间变得富有生气，充满激情，它具有强烈的吸引力和集聚力（见图3-13），甚至能够改善局部环境的小气候（见图3-14）。

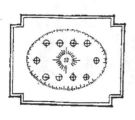

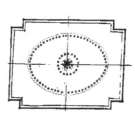

平面图　　　　　　　　　立面图　　　　　　　　　平面图

图3-9　喷泉的各种艺术造型

图3-10　喷泉的空间造型（一）

图3-11　喷泉的空间造型（二）

图3-12　喷泉是空间中最活跃的因素

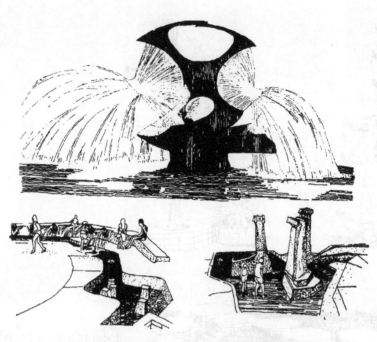

图3-13　流动的、活泼的水有很强的聚集力

图3-14　流动的、活泼的水可改善局部环境小气候

第四部分　园林建筑景观的表现技法

园林绿地中的建筑不仅具有遮阳、挡风、避雨、休息、导游等功能，而且起着画龙点睛的作用。园林建筑的种类很多，从功能来说有厅堂、轩、馆、楼阁、台、榭、舫、廊、亭、桥、码头等。从顶式造型来说有悬山式、硬山式、歇山式、攒尖式、穹窿式、四坡式、卷棚式、重檐式、单坡式、扇面顶式、弦顶式、圆顶式、平顶式等。近代园林建筑还有馆舍、墅所、展览室、阅览室、音乐厅、体育馆、画廊、温室、喷泉、餐厅、服务部以及园椅、卫生设施等。

一、园林建筑景观的画法

园林建筑景观在平面图中的画法，可用规则的几何平面图的画法表现。带屋顶的平面图，即可用高空俯视图的画法；不带屋顶的平面图，即可用建筑1.3m高处水平断面的画法（见图4-5下）。

园林建筑景观在立面图中的画法，即可采用水平面正透视的画法表现（见图4-5上）。

园林建筑景观在透视图中的表现法，一般采用两点透视的画法（见图4-15下）。

二、园林建筑的表现

1. 厅堂

厅与堂相似，常设在园林中心或视线交汇之处，坐北朝南。

厅堂是园中体量较大的主体建筑，造型典雅端正，室内空间宽敞，一般为3~5间。装修精美，陈设华丽，前后开门设窗，以利观景。古代厅堂不用高屋脊，屋顶常采用歇山、硬山的形式。用方料建造者为厅，用圆料建造者为堂。它是居住建筑中对正房的称呼，为一家之长的居处或庆典场所，多位于建筑群的中轴线上。室内常用隔扇、落地罩、博古架分割空间，如室内中间用屏风相隔，一边梁用方料，而另一边梁用圆料者称为鸳鸯厅。厅堂原为主人起居或接待宾客使用，在现代园林中为游客聚会、游览、眺望风景使用（见图4-1）。

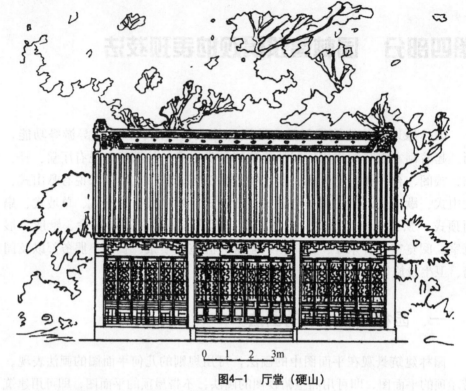

图4-1 厅堂（硬山）

2. 轩、馆

轩与馆相似，单体或组成建筑群，比厅、堂轻巧秀丽，园林中常设在明显的位置作为对景使用。轩、馆常用卷棚式屋顶，装饰朴素大方，挂落随意设计。常分上下两层屋，上层较矮，为眺望使用。原为主人藏书、画或待客使用，现在园林中多为游客休息、赏景、游艺等活动场所。

轩，指大型房屋出廊部分的上部卷棚，所以造型轻巧灵活（见图4-2）。

图4-2 轩（扇面顶式）

馆，原为留居贤人修史、作文、存放经书文物的地方，现在园林中作为展示文化艺术、休闲、赏景使用。园居，招待宾客之用。多处在地势高爽，便于远眺之处（见图4-3）。

图4-3　馆（歇山式）

3. 楼阁

楼与阁相似，一般为两重以上的建筑，设在厅堂之后或园林四周，依山傍水之处，较高耸，作为对景使用。常与亭、榭、廊组合成高低错落的建筑群体，在园林中起着分隔空间的作用，常为3～5间。楼阁的平面有矩形、六角形、八角形。屋顶常用歇山或硬山攒尖顶，重檐高台，四面开窗。在园林中可为书、画、茶宴之用，以便游人登高远眺。古代为起居接待或书房、赏景使用，现代为游人观景、休息胜处（见图4-4和图4-5）。

图4-4　楼阁（一）（卷棚式）

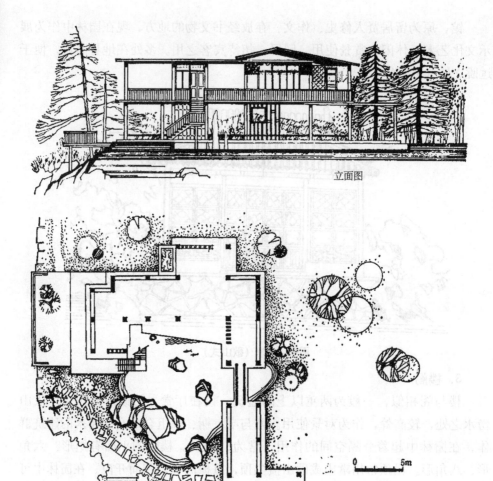

立面图

平面图

0 5m

图4-5 楼阁（二）

4. 台

台常建于水边、湖畔、桥上、山腰之处。平出，而高敞，多用土筑，以远眺为目的，往往和堂之前的平台结合，以便观景，供游人观赏琴棋、休息、纳凉。外围有栏杆，点缀风景。

5. 榭

榭为临水建筑物，往往建于水边平台上，花丛树旁。结构轻巧，立面开敞，四周有落地门窗，临水部分由水中梁柱支撑。它是游人休息、赏景的场所（见图4-6）。

6. 舫

舫是模仿船的一种建筑形式，设于水边，另有仿跳板造型与岸相连。常分前舱、中舱、尾舱，前高、中低，尾为两层楼。舫为客人平眺、赏景使用，使人似有置身于舟楫之感（见图4-7）。

图4-6 榭

图4-7 舫

7. 廊

廊是园林中的长形建筑，又叫带屋顶的道路。廊在园林中应用很广，它高低起伏，可随地形而造，形状曲折且富于变化。一般不高大，宽3m，廊柱间距离3m左右。常在起点、终点、转折点上与亭、阁、榭等相结合。特别是在古典园林中，建筑前后设廊或四周围廊，廊可使分散的单体建筑互相穿插、联系，组成造型丰富、空间层次多变的建筑群体。

廊除了能供游人遮阳避雨休息以外，还起着连接过渡、衬托主体和宣传的作用。所以廊在园林中既是良好的导游线，也是游人赏景休息的场所，在园林中创造分景、隔景等。它在园林中既可盘山腰，弯水际，又可通花渡壑，蜿蜒无尽（见图4-8）。

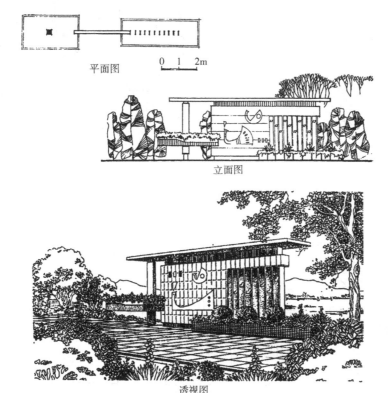

图4-8 廊

廊本身也具有一定的观赏价值，在园中可以独立成景。廊的柱列、横楣在游览线路中形成一系列的取景边框，增加了景深层次，富有园林趣味。

廊的类型很多，有单廊、复廊、半廊；有临水廊、爬山廊；有房廊、桥廊、亭廊（见图4-9～图4-11）、墙廊、敞廊等。

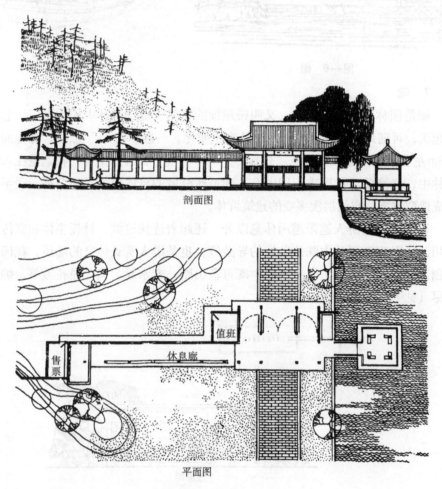

剖面图

平面图

值班

休息廊

售票

图4-9 亭廊（一）

图4-10 亭廊（二）

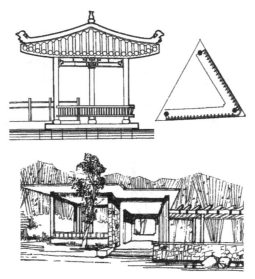

图4-11 亭廊（三）

8. 亭

亭是富有民族特色的园林建筑类型之一，是用立柱、横梁支撑的建筑物。其在园林中常设在山上、水边、湖心、路旁、桥头、桥上等处，常与廊相接。亭的形式多种多样，小巧玲珑，造型活泼，艺术性高。无论是在传统的古典园林，还是在新建的公园、风景游览区；无论是在北方的皇家苑囿，还是南方的私家园林，人们都可看到千姿百态、绚丽多彩的亭，它与园中其他建筑、山水、植物相结合，装点着园景。亭在园林中常起着对景、借景、点景的作用，也是人们游览、休息、避雨、遮阳、赏景的最佳处（见图4-12~图4-15）。

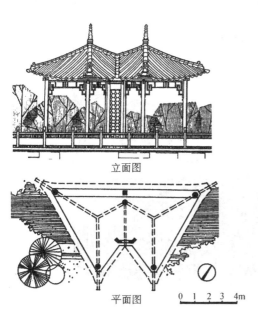

图4-12 鸳鸯亭（攒尖式）

图4-13 流胚亭

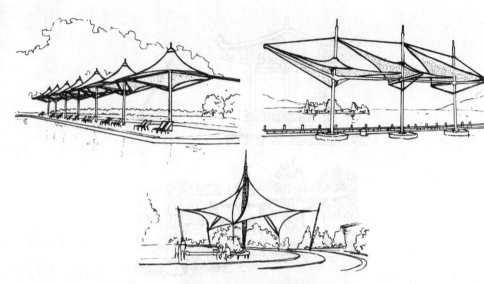

图4-14 膜结构亭透视图

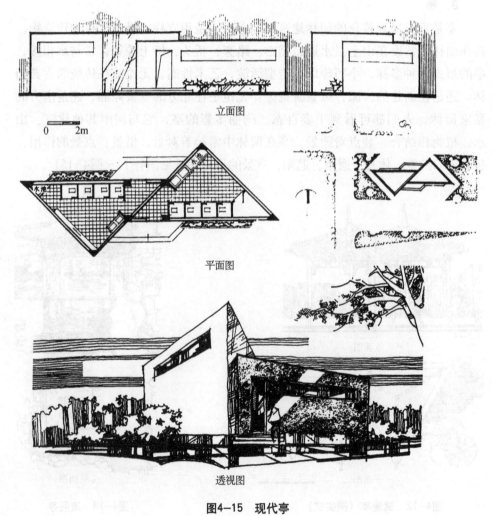

立面图

0　2m

平面图

透视图

图4-15 现代亭

亭子的柱身部分，大多开敞、通透，置身其间有良好的视野，便于眺望、观赏。柱间下部常设半墙、坐凳或美人靠椅，供游人坐憩。亭柱与亭柱之间的上部常悬纤细精巧的挂落，用以装饰。

亭顶的形状也多种多样，有平面、球面、攒尖、盔顶、重檐、飞檐等造型。通常亭的平面直径为3～5m。而且其面宽与进深的比分别如下：方亭的为10：8（见图4-16），六角亭的为10：15（见图4-17），八角亭的为10：16。根据亭的位置不同，可分为山亭、水亭、桥亭等；根据亭组合不同，又可分为孤亭、半亭、双亭、群亭；根据亭的形状不同，可分为伞亭、三角亭、五角亭、六角亭、八角亭、十字亭、梅花亭、圆亭、扇亭、蘑菇亭。

图4-16　方亭

我国传统的攒尖顶亭、歇山顶亭的屋檐转角处都不是一条水平线，而是微微翘起，即所谓"屋角起翘"。

图4-17　六角亭

三、园墙、景门、景窗的表现

园墙、景门、景窗也是园林建筑景观的一部分。

1．园墙

园墙亦称景墙（见图4-18），其为园林中的围护建筑物，常设在园林的外缘作为边界，也可分隔园林空间。为了达到某种造型效果，可拼砌出不同的墙面（见图4-19～图4-26）。由于光线投射产生明暗、光影，因此具有生动变化的特色。园墙和景门等可以把园分成园中园，而且具有组织导游、造景的作用。其布局能盘山、过水，可高低错落，互相穿插。景墙与山石、修竹、灯具、雕塑、花架结合可形成独特的景观。

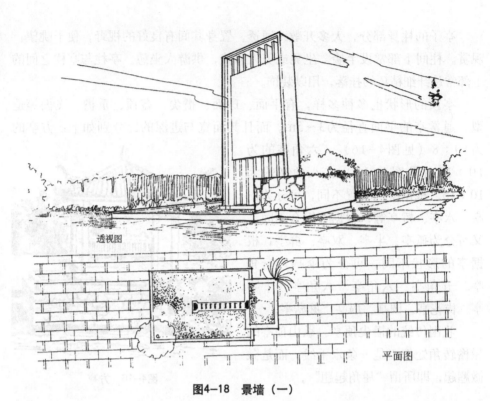

透视图

平面图

图4-18 景墙（一）

图4-19 景墙（二）

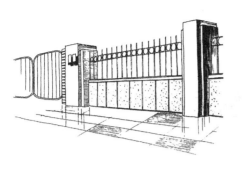

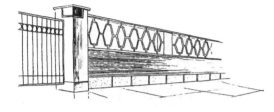

图4-20 景墙（三）

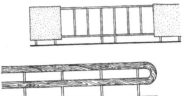

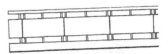

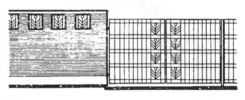

图4-21 景墙（四）

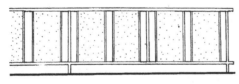

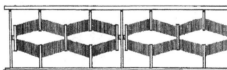

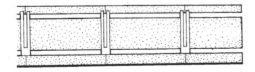

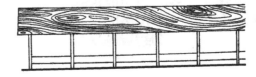

图4-22 景墙（五）

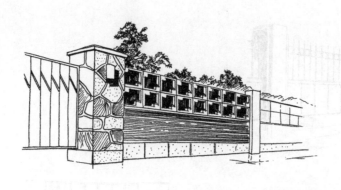

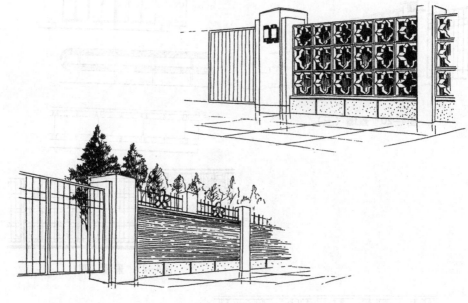

图4-23 景墙（六）

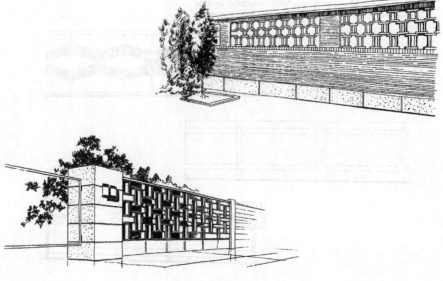

图4-24 景墙（七）

图4-25 竹景墙（一）

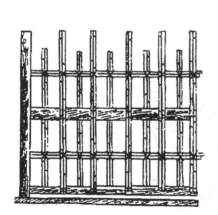

图4-26 竹景墙（二）

2．景门

景门（见图4-27）是园林小品建筑之一。在古典园林中可以分隔空间、组织导游，还可有助于形成空间渗透效果。它能起到框景、对景的作用，并能突出主题，引人入胜。景门有对称形（多角形、长方形、圆形、方形）、不对称形（梅花形、贝叶形、葵花形、桃形等）两类（见图4-27）。

图4-27　景门（一）

现代园林大门的建筑是内外建筑群体的分隔部件，是园林的门面，也是建筑群空间顺序的序幕。它以多变的形体与富有韵律的围墙和多姿的绿化相配，又丰富了街道环境面貌。

首先，景门不是独立存在的建筑，它是建筑群形象的代表，它的形式应与园林环境相协调。

其次，必须使功能与形式相统一。景门建筑应与建筑群体相统一，力求在空间体量、形体组合、立面处理、细部做法、材料、质感以及色彩等方面与建筑群组成统一的整体。景门的形象由出入口、警卫传达室和围墙组成，三者应组成统一的整体。门周围环境是多种多样的，我们应顺其自然，因势利导，创造出最佳对比与协调的景观（见图4-28～图4-37）。

图4-28 景门（二）

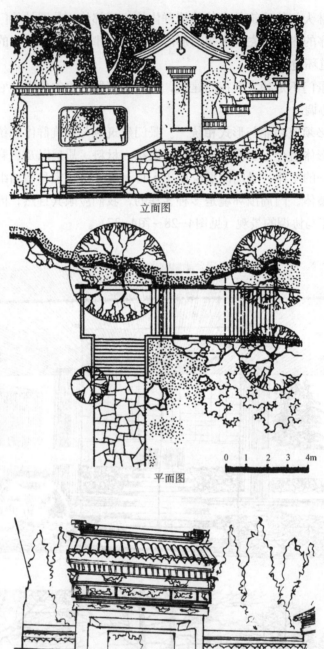

立面图

平面图

0 1 2 3 4m

透视图

图4-29 景门（三）

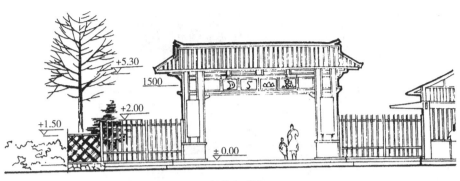

门景立面图

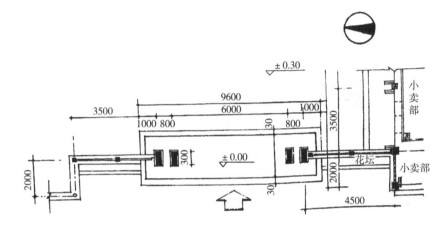

门景平面图

透视图

平面图

0 1 2 3 4 5m

图4-30　景门（四）

透视图

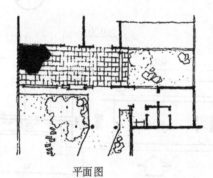

平面图

透视图

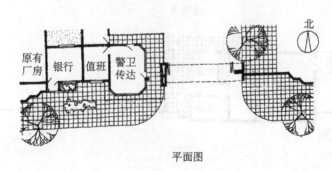

平面图

图4-31 景门（五）

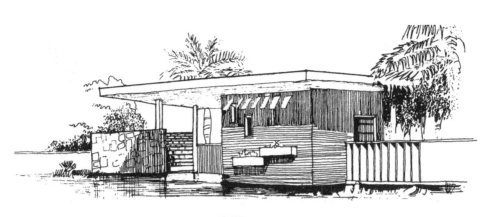

透视图

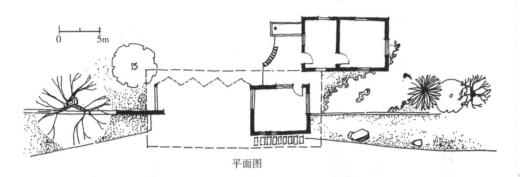

平面图

图4-32 园林大门（一）

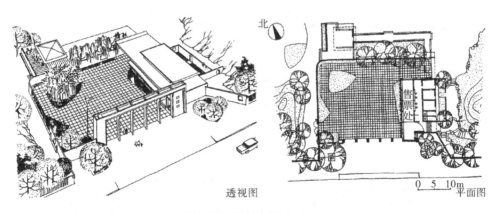

透视图

平面图

图4-33 园林大门（二）

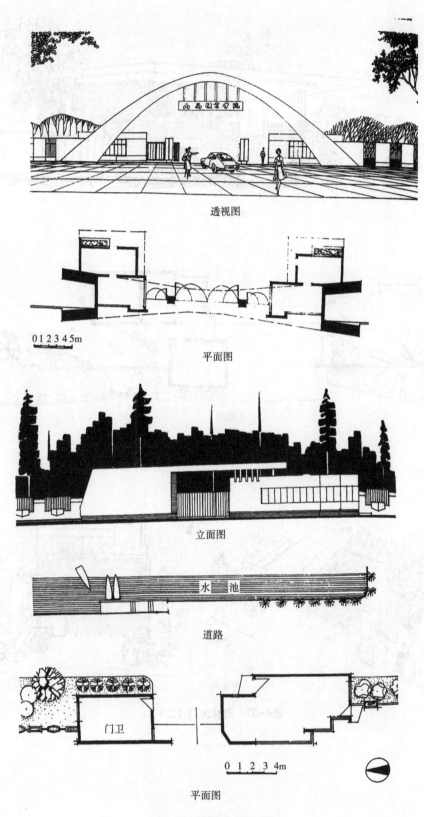

透视图

0 1 2 3 4 5m

平面图

立面图

水　池

道路

门卫

0 1 2 3 4m

平面图

图4-34　园林大门（三）

图4-35 园林大门（四）

图4-36 园林大门（五）

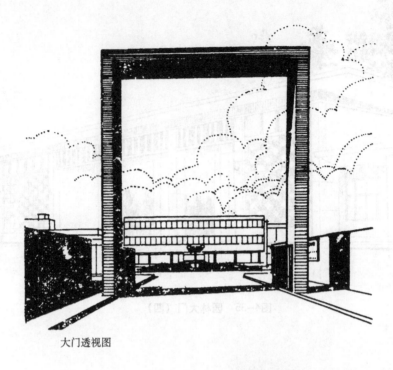

大门透视图

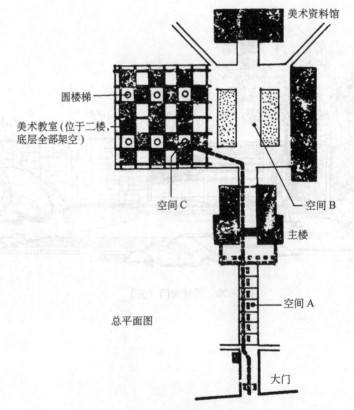

美术资料馆

圆楼梯

美术教室(位于二楼,
底层全部架空)

空间 C

空间 B

主楼

总平面图

空间 A

大门

图4-37　学校大门

为了使室外空间与自然景象相结合，大门建筑中可根据不同的建筑组织不同的对景。

门景的细部包括单位标志、门灯、雕塑、花台和门墩等都应统一考虑。

门有特殊的功能特点，它是建筑小品，具有明显的从属性，大门的性格应以体现功能为基础，形式与内容的统一是主要的原则。纪念性大门应该体形端正、轮廓简单、尺度较大、材料坚实、色彩深重，给人庄重、严肃、稳重的感觉。儿童公园的大门则要尺度较小、色彩明快，使儿童产生亲切、明快感。现代公园的大门形式应给人以开朗、明快的感觉。

3. 景窗

景窗可分为有空窗、花格漏窗、博古窗、玻璃花窗等造型（见图4-38~图4-41）。

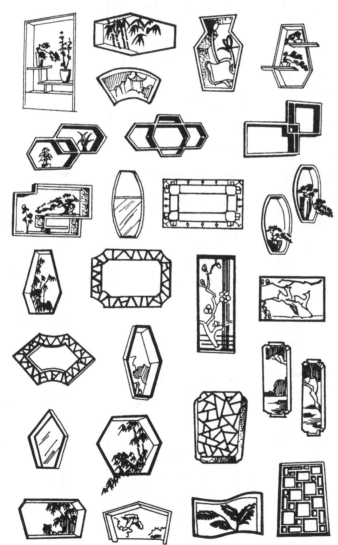

图4-38 景窗（一）

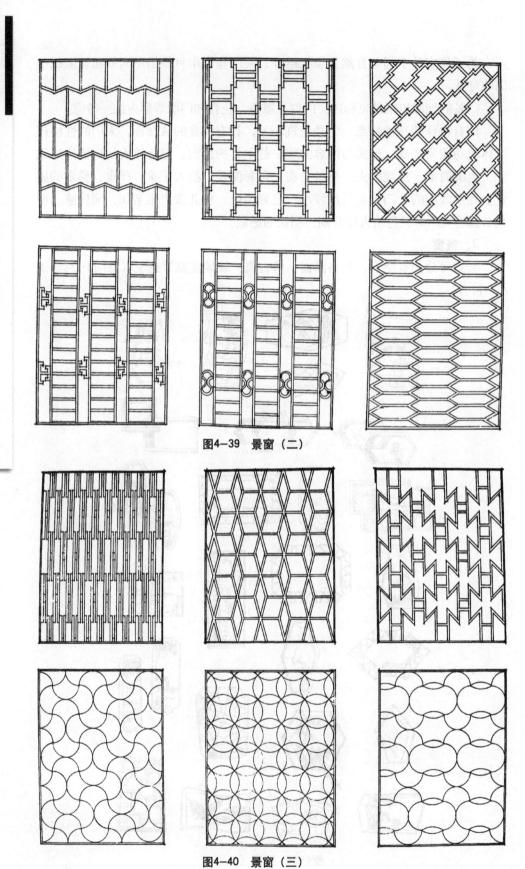

图4-39 景窗（二）

图4-40 景窗（三）

图4-41　景窗（四）

第五部分 园路、园桥景观的表现技法

园路和园桥连接园林内的广场、建筑等各个景点，形成完整的交通、导游系统。它是园中的重要景观，也为游人的动态观赏提供了方便。

一、园路景观的表现

为了使游人在园中行走方便，在园林中都设有不同宽度的园路（见图5-1和图5-2）。

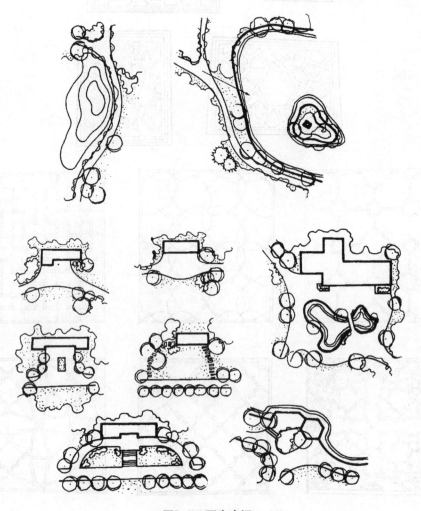

图5-1 园中广场

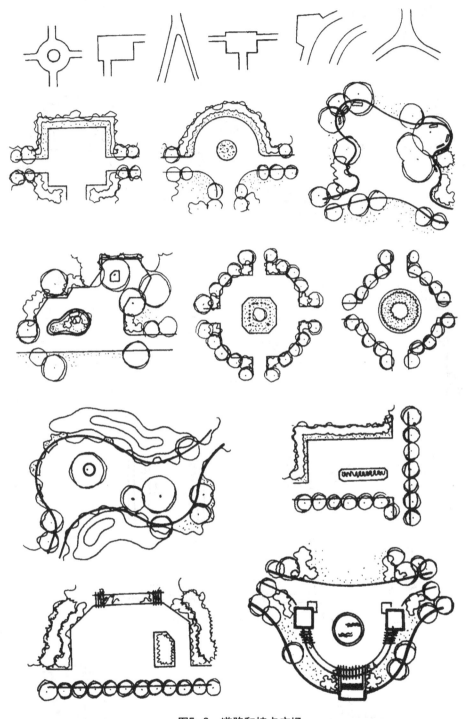

图5-2　道路和接点广场

园路不仅联系着园内外交通，也是园内景观的一部分。它可通过一定宽度
的平面布置，路面高低起伏，材质、色彩的变化，以及路面和路两侧的绿化配
置来体现园林艺术水平。园路也是水、电等工程的基础。

　　园路有主干道（宽4~6m）及其广场（见图5-3和图5-4）、次干道（宽2~4m）、游步道（宽1.2~2m）、桥、汀步等各种类型。

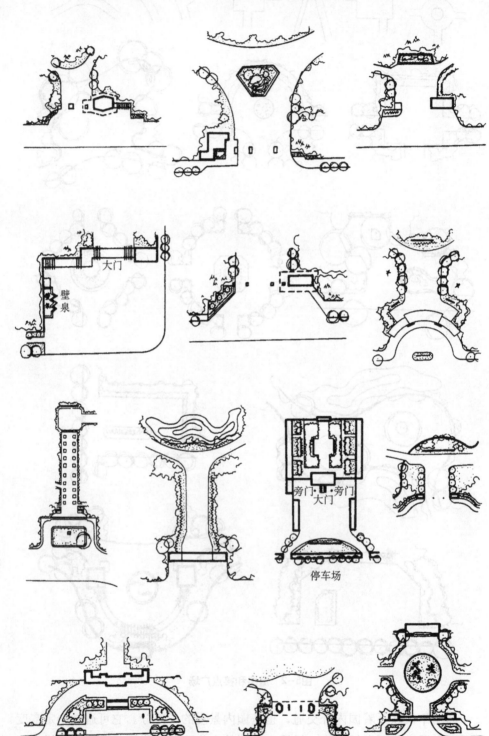

图5-3　主干道及大门广场（一）

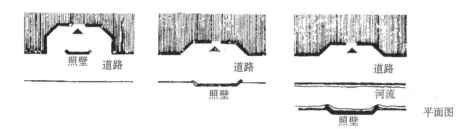

照壁　道路　　道路　　道路

道路　　照壁　　河流　平面图

照壁

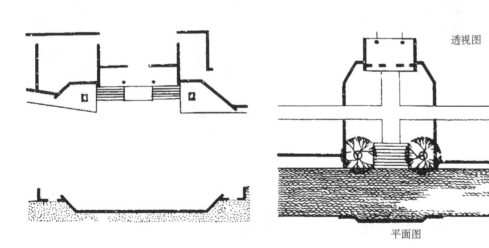

透视图

平面图

图5-4　主干道及大门广场（二）

1．园路的路面铺装表现

按路面的铺装材料不同，可分为整体路面、块状路面、简易路面、卵石路面、水泥路面、虎皮石路面、水泥板路面、石板路面、预制梅花块嵌草路面等（见图5-5～图5-7）。

另外，由于园林地形有高低，为了方便游人上下，在园路的坡上常设台阶，其台面宽度为30cm，高度为15cm，形式多样。

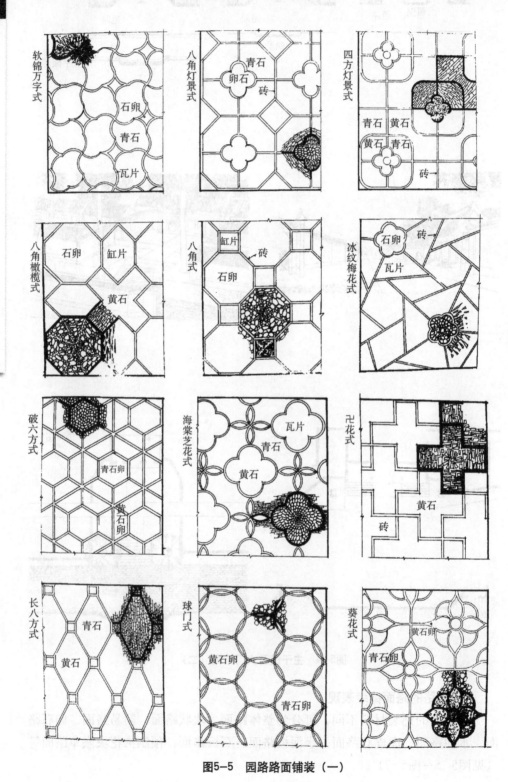

图5-5　园路路面铺装（一）

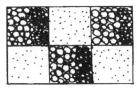
不同大小、色彩分点组合路面

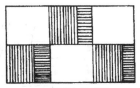
水泥板上拉道纹

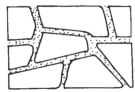
虎皮石冰纹嵌草路面

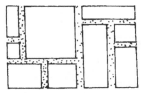
矩形水泥板和嵌草路面

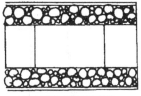
长方砖块和卵石路面

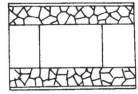
长方砖块和冰纹路面

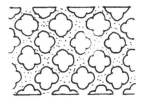
花纹水泥板嵌草路面

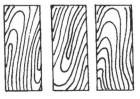
长方形水泥板路面

楔形水泥板路面

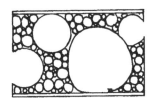
水泥圆板和卵石路面

冰纹式

十字海棠式

六角式

软锦万字式

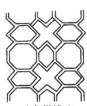
八角橄榄式

十字海棠式

海棠花式

万字式

金钱海棠式

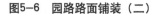

图5-6 园路路面铺装（二）

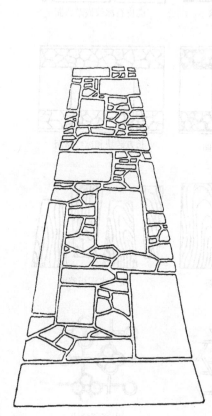

图5-7 园路路面铺装（三）

2. 园路剖面图表现

通过园路的剖面图可以看出园路的构造层次。一般可分为5个层次，有面层、找平层、混凝土层、碎石垫层、素土夯实层等（见图5-8）。

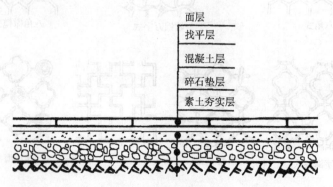

图5-8 园路剖面图表现

二、园桥景观的表现

园林中的桥，不仅可以沟通园路、组织导游、分隔水面空间，还具有构成景观，锦上添花的作用。同时也是游人休息游览、凭眺、戏水、观鱼及配置水生花草的好地方。所以桥的位置及其造型的好坏与园林规划设计密切相关。园桥一般架在水面较窄处，桥身与岸相垂直或与亭廊相接。桥的造型和大小要满足该园林的功能、交通和造景的需要，与周围的环境协调统一。在较小的水面上设桥应偏向水体一隅，其造型要轻巧、简洁、尺度宜小，桥面宜接近水面。在较大的水面上架桥，可以局部抬高桥面，避免水面单调，有利于桥下通船。

园桥的类型很多，有石桥、木桥、钢筋水泥桥，有梁式、拱式（单曲拱和双曲拱）、单跨和多跨，有平桥、曲桥、拱桥、亭桥、廊桥、汀步等。

1. 亭桥

亭桥是架在水上的桥与亭所构成的统一体，它处于较大的水面上，具有气势磅礴之意，易于四周观景，可供游人赏景、游憩、避雨、遮日（见图5-9）。

图5-9 亭桥景观

2. 拱桥

拱桥处于平静的水面之上，有动静对比的效果，弧形线条的变化姿态取代了平直体形。桥孔为单数。在小水面上不宜用大拱桥，其或浮谷之上依势而就，或凌空构于悬崖峭壁之上。这样的桥具有园路和园林建筑的双重特征（见图5-10）。

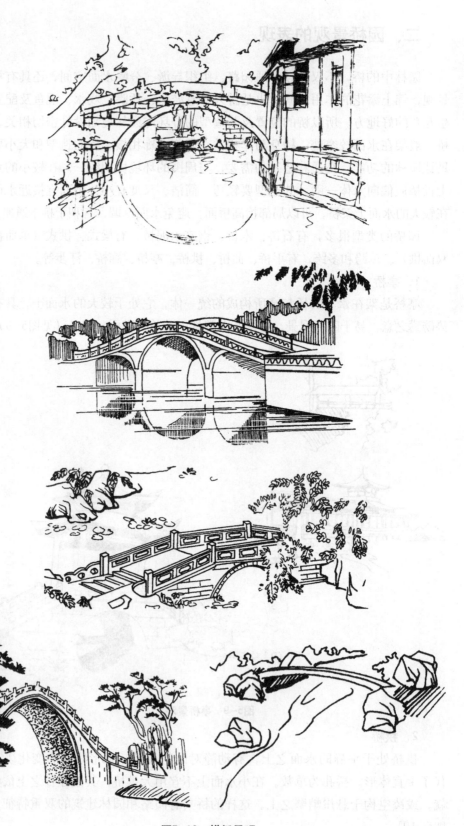

图5-10　拱桥景观

3. 板式平桥

板式平桥位于水面狭窄处。雕栏空透、古朴，桥身临近水面，低枝拂水，具有水乡弥漫之意。宜用横线条处理造型（见图5-11）。

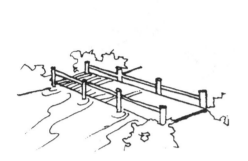
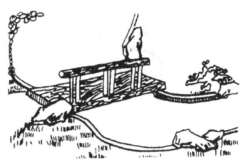

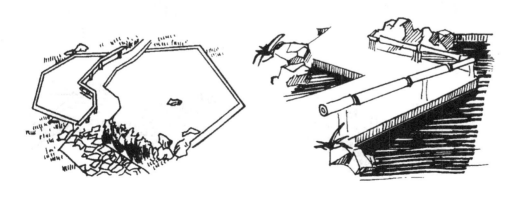

图5-11　板式平桥景观

4. 石板桥

桥面贴近水面，便于观赏游鳞莲藻，与桥头花草、竹、叠石交相辉映，园景深邃，桥身曲折迂回（见图5-12）。

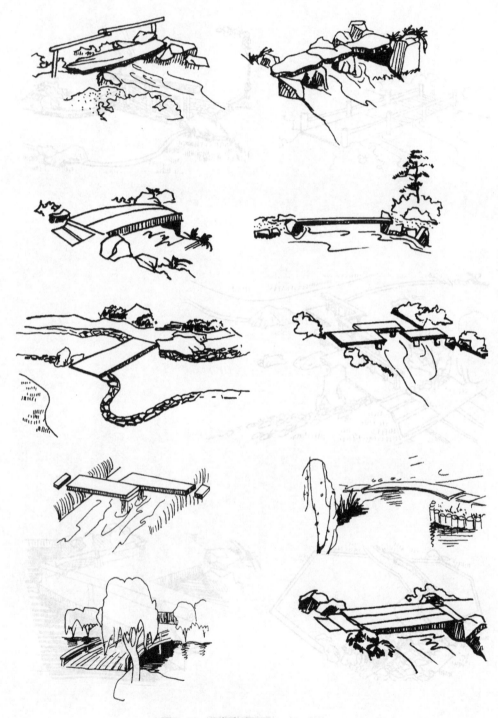

图5-12 石板桥景观

5．曲桥

曲桥曲折变化，层次发展丰富，仿若飘浮于水面。浅水面上一般不设栏杆（见图5-13）。

另外，在园林中还有梁桥、斜张桥、悬索桥等景观桥（见图5-14～图5-16）。

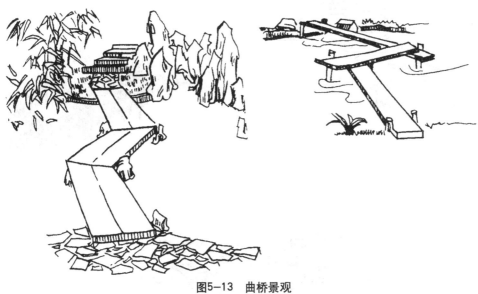

图5-13　曲桥景观

图5-14　梁桥

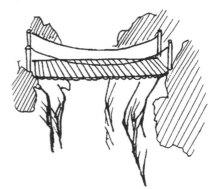

图5-15　斜张桥

图5-16　悬索桥

6. 汀步

池水浅窄处，可用步石代桥。水中设石墩，游人凌水而过，别有一番情趣（见图5-17）。

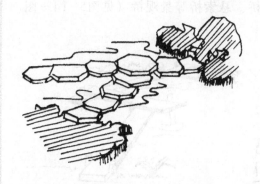

图5-17 汀步景观

第六部分 园林小品景观的表现技法

园林小品景观的类型有很多，有园灯、园凳、园椅、栏杆、雕塑、垃圾箱等。其表现技法同园林建筑。

一、园灯景观的表现

园灯即园林空间中的灯。园灯既可用来照明，又可用于装饰、美化园林环境，如石灯笼有古朴之意（见图6-1和图6-2）。所以，园灯的设计应注意造型美观，装饰得体。

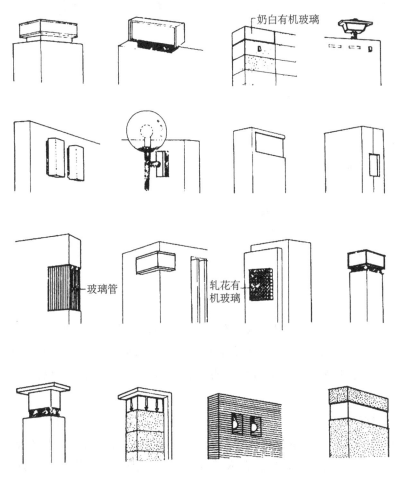

图6-1 景门灯

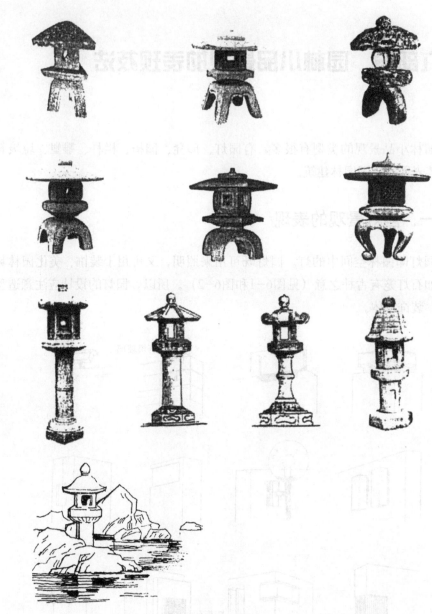

图6-2 石灯笼

园灯类型丰富多彩。造型有模拟自然形象的，也有由几何形体组合的（见图6-3～图6-7）。模拟自然形象的园灯使人感到活泼亲切；纯几何形状的园灯给人庄严、严谨的感觉。一个造型好的园灯景观能引起人们的联想，表达一定的思想感情。

大的园林空间要求照明灯高4m，庭园灯高3m左右，配景灯随意定，高度为1～2m。园灯的造型、布局、灯光色彩应与园林主题结合，与所处的环境协调统一，富有诗意，让人产生联想。在人流较大的场所需要形成热烈的气氛，要求照明度强，造型力求简洁大方，宜用多灯头。

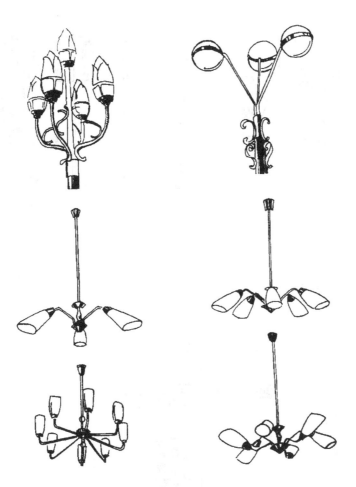

图6-3 园灯（一）

图6-4 园灯（二）

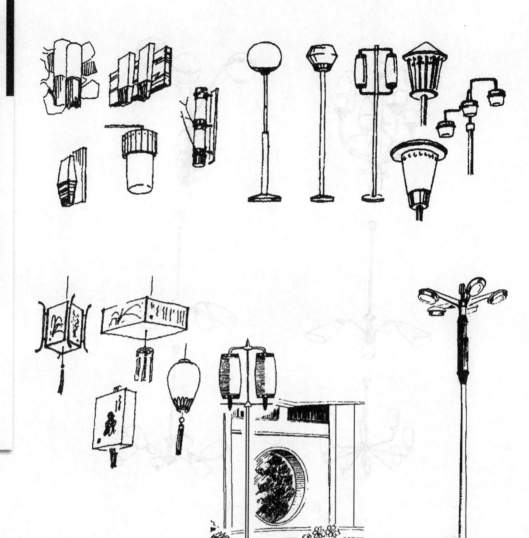

图6-5 园灯（三）

园灯按灯的数量可分为单灯、双灯、三灯和多灯（见图6-6）；按形状可分为圆球形灯、腰鼓形灯、贝壳形灯、玉兰花形灯、橄榄形灯等。用多火路的园灯还可组成各种花朵、焰火、五角等形状。

应善于采用园灯色彩和光照的特性，以达到预想的设计效果。园灯的色彩也能给人以情绪上的影响。各种色彩配合、各种不同的照度，可以形成热烈的或沉静的、张扬的或收敛的、庄严富丽的或轻快明朗的以至阴森沉闷的不同的气氛。在安静休息的环境里，照度不宜过强，但造型要优美、细腻，艺术性高。

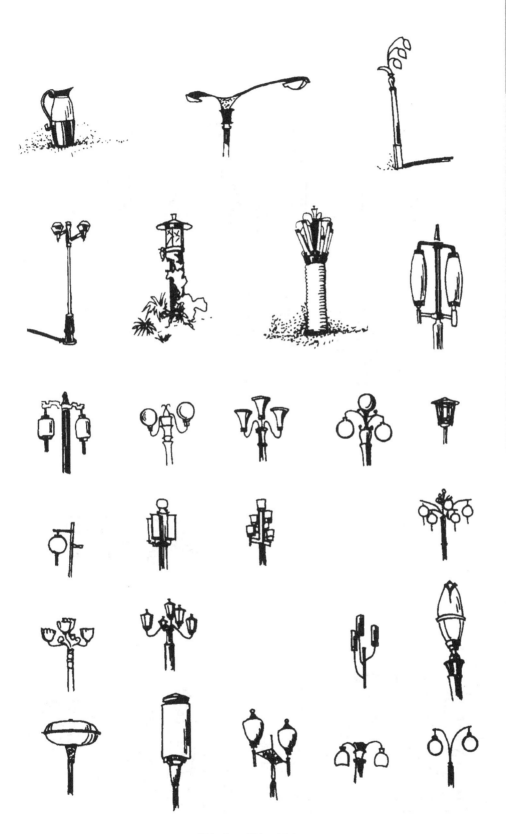

图6—6　园灯（四）

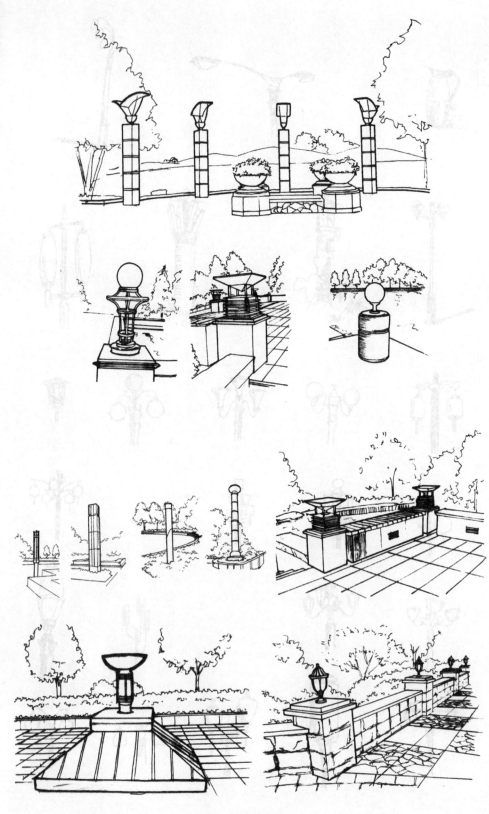

图6-7　园灯（五）

二、园凳、园椅景观的表现

园凳、园椅是园林景观中使用最多的小品。造型美观、精巧、丰富多样，有的模拟树桩、圆木，以求得与自然的和谐；有的做成曲线、半圆形等形状，以求其形式上的完整；有的与矮墙、花池组合形成整体。

园凳、园椅是各种园林或街头园林绿地中的必备设施，有点缀园林景色的作用。可衬托园林气氛，加深园林意境，给人自然亲切之感。

园凳、园椅应置于游人最需要坐憩、赏景而又环境优美之处，如湖边、池畔、花间林下、广场四周、园路两侧、路的尽头、花坛旁、山腰台地等处，供游人就坐休息和观赏风景。其造型要与环境协调一致，常与绿墙、花坛、草坪相结合（见图6-8～图6-17）。

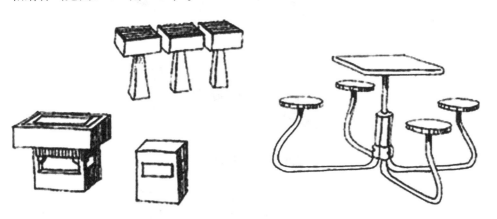

图6-8　园凳（一）

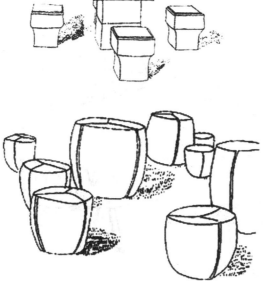

图6-9　园凳（二）

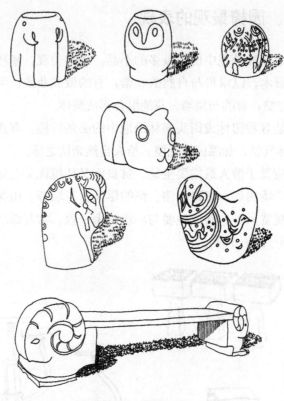

图6-10 园凳（三）

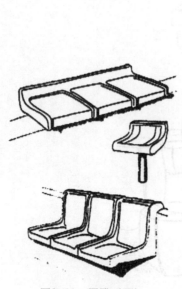

图6-11 园凳（四）

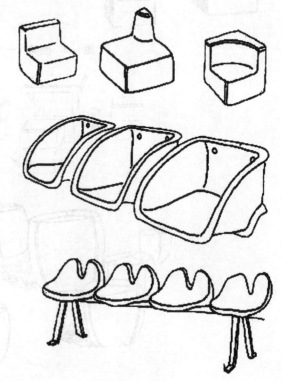

图6-12 园凳（五）

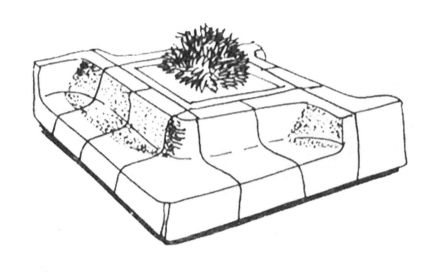

图6-13 园凳（六）

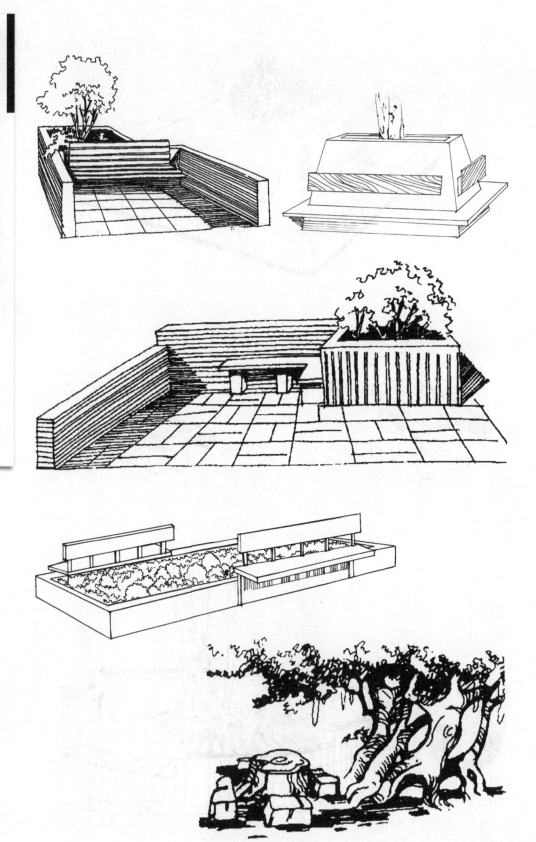

图6-14　园凳和环境（一）

图6-15　园凳和环境（二）

图6-16　园凳和环境（三）

图6-17 园凳和环境（四）

三、栏杆景观的表现

栏杆为园林建筑物的附属部分。园林中的栏杆具有围护园林、衬托环境、分隔空间、组织人流、划分活动空间等作用。栏杆景观要求造型美观，点缀风景，丰富园景。

栏杆常用的材料有石料、钢筋混凝土、铁、砖、木材等。钢筋混凝土栏杆一般采用300号细石混凝土预制成各种装饰花纹，运到现场拼接安装。其施工制作比较简便、经济，但需注意加工质量。如果一经碰撞即损坏并显露出钢筋，反而会有损于环境美。铁制的栏杆轻巧空透，布置灵活，但在加工及使用中应注意防蚀、防锈（见图6-18和图6-19）。

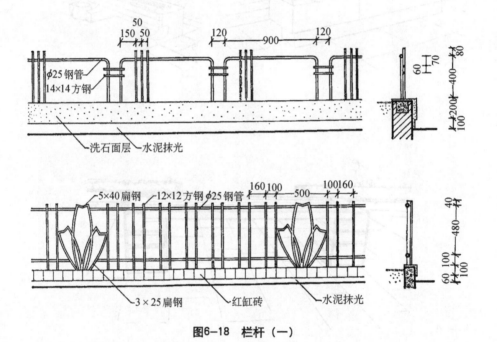

图6-18 栏杆（一）

图6-19 栏杆（二）

石望柱栏杆体量沉重、构件粗壮，具有稳重、端庄的气氛；简洁轻巧的栏杆构成轻快、明朗的气氛；围护性栏杆，其造型、线条应粗壮；扶手栏杆一般高为90cm左右；靠背栏杆依附建筑物，主要供坐憩，靠背高40～50cm，坐凳高45cm，与建筑物协调；坐凳栏杆供坐憩之用高40～45cm，体量应重；镶边栏杆为花坛、树丛、道路绿带的镶边，高20～60cm，造型要纤细、轻巧（见图6-20）。

图6-20 栏杆（三）

四、宣传栏景观的表现

宣传栏多布置在人流量大的地段，造型要新颖、活泼、简洁大方，色调明朗、醒目，与园林环境统一。它不仅起着宣传教育作用，而且还起着装饰美化作用（见图6-21～图6-23）。

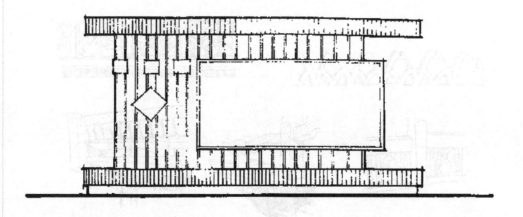

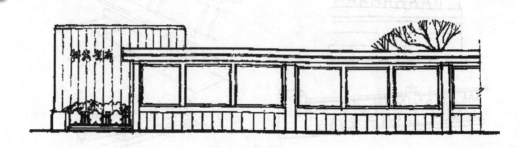

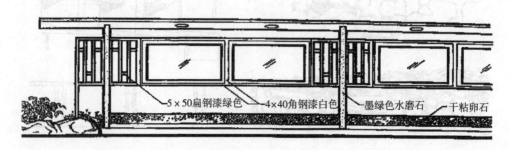

5×50扁钢漆绿色　　4×40角钢漆白色　　墨绿色水磨石　　干粘卵石

图6-21　宣传栏（一）

图6-22 宣传栏（二）

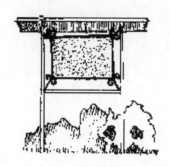

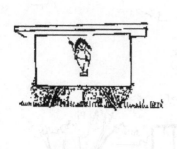

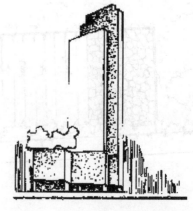

图6-23　宣传栏（三）

五、雕塑景观的表现

雕塑景观已成为园林乃至美化城市的重要手段。当前在街道、广场、公园、居住区小游园内布置了各种大小、题材各异的雕塑作品，一般形式有圆雕、浮雕等。有纪念性题材及生活题材雕塑，包括纪念物、英雄人物形象、儿童、神化、童话、动物等内容，它代表了所在空间的语言。这些雕塑立意新颖、造型生动，不仅点缀了环境，还给人以美的享受（见图6-24～图6-32）。

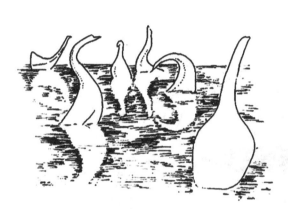

图6-24　雕塑（一）

图6-25　雕塑（二）

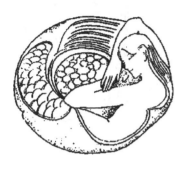

图6-26 雕塑（三）

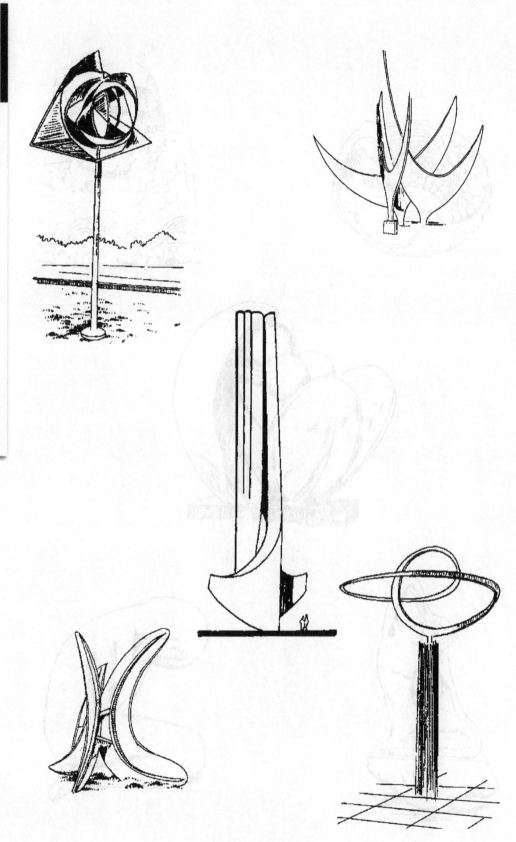

图6-27 雕塑（四）

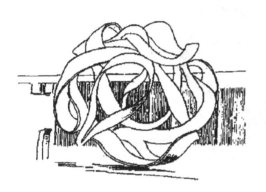

图6-28　雕塑（五）

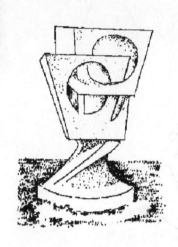

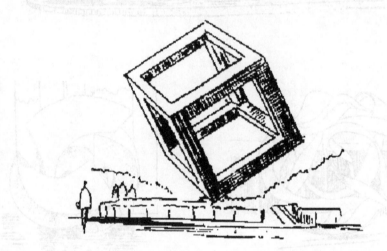

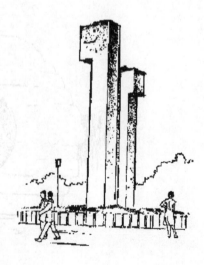

图6-29 雕塑（六）

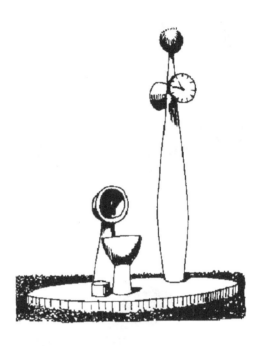

图6-30　雕塑（七）

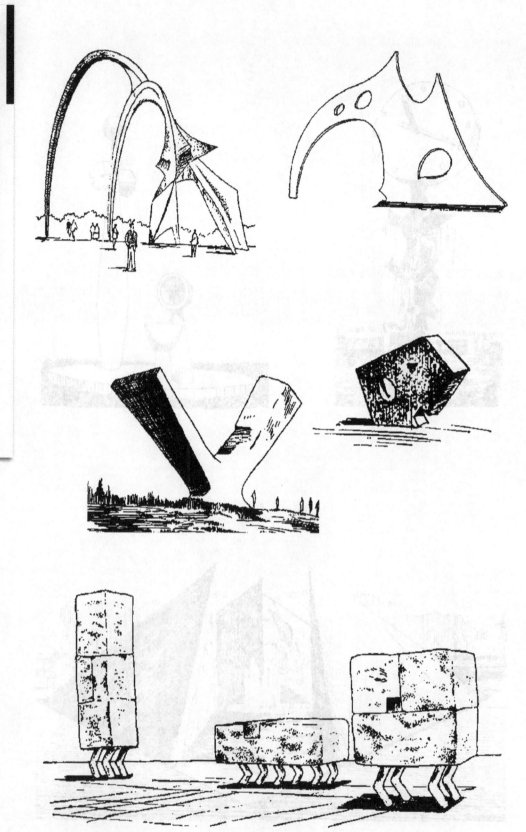

图6-31 雕塑（八）

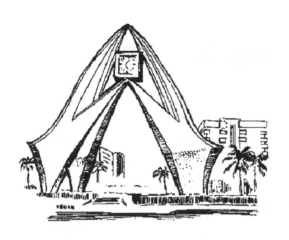
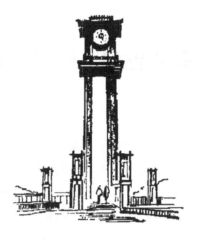

图6-32　雕塑（九）

第七部分 园林景观手绘色彩表现技法

随着园林景观图绘制技术的飞速发展，特别是色彩渲染的技法层出不穷，出现了很多技能高超的专家。这里只给初学者提供一点手绘色彩表现技法，以利提高初学者对色彩表现的兴趣，进一步钻研，苦练，不断总结经验，提高色彩表现技法和水平。色彩渲染的形式是多种多样的，例如，水彩、水粉、钢笔淡彩、马克笔渲染法、计算机渲染等。其中使用较广泛的手绘色彩表现技法是彩色铅笔、钢笔淡彩、马克笔渲染等。

一、彩色铅笔表现技法

1．特点

彩色铅笔的使用特点是简单、方便、可修改、好掌握。在图面上能表现出设计的用材、氛围、色调、层次和空间，很适合初学者入手。彩色铅笔是透明的颜料，可多次重叠渲染，创造丰富的色彩气氛。因此，彩色铅笔渲染的画面具有含蓄、淡雅、丰富、柔和的特点。但是由于它的铅芯质地较粗且是线条排列，所以色彩的纯度和饱和度不高。

2．步骤

（1）作钢笔画。在图纸上用钢笔正确地绘出景观的形体和轮廓画面。

（2）确定色调。根据环境的冷暖色调与物体的关系选定彩铅，用细密均匀的线条缓缓过渡至全部罩在画面上，即可形成冷色调或者暖色调。

（3）渲染主体。分析环境的固有色、冷暖、明暗，大胆用笔表现主体。另外，如果用天蓝色水溶性彩色铅笔表现天空、水面的质感时，可另用水彩笔沾水把彩笔线溶化，即可得出浸润的质感效果。

（4）调整。适当加多层次来改变它的效果，也可用小刀轻轻刮去厚的不需要的色层，以便达到理想的效果。

另外，如用粗糙纸，会产生粗犷豪爽的感觉；用细滑纸，则会产生细腻柔和美的画面（见图7-1～图7-12）。

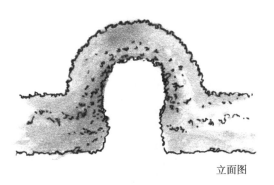

立面图

平面图

图7-1　绿门景观（一）

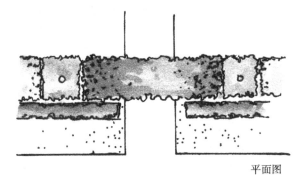

立面图

图7-2　绿门景观（二）

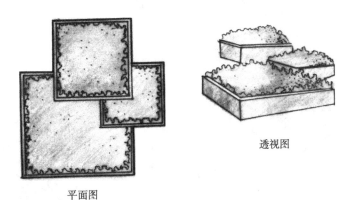

透视图

平面图

图7-3　花台组合景观图（一）

图7-4　花台组合景观图（二）

图7-5　水景效果图

透视图

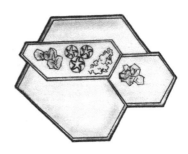

平面图

图7-6 花台、水池组合景观

效果图

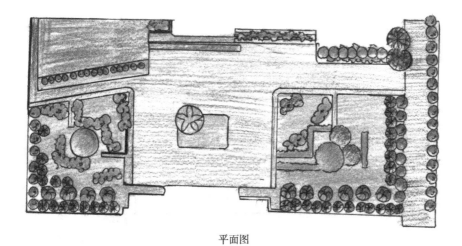

平面图

图7-7 工厂前庭景观

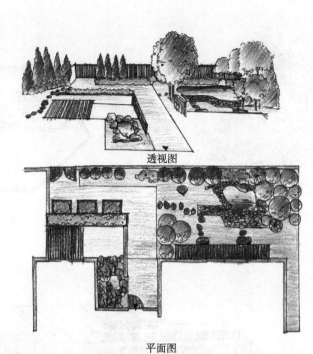

透视图

平面图

图7-8 庭园景观（一）

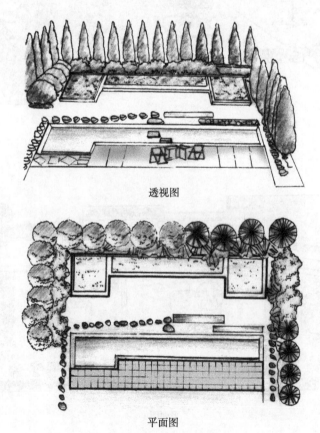

透视图

平面图

图7-9 庭园景观（二）

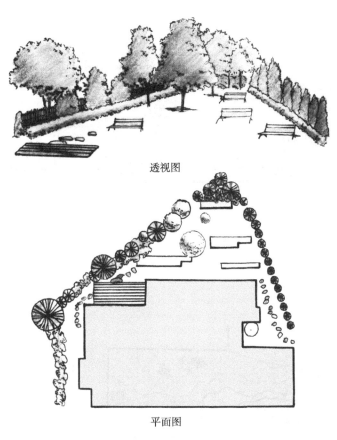

透视图

平面图

图7-10　庭园景观（三）

透视图

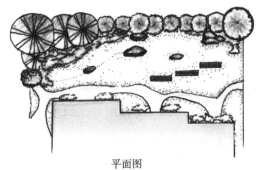

平面图

图7-11　庭园秋景

A—A

剖面图

平面图

图7-12 园林景观

二、钢笔淡彩表现技法

1. 特点

钢笔淡彩即是水彩，它是以水为媒介调配胶质的颜料，使用中国毛笔作色，因此色彩淡浅。这种色彩的画面具有透明、滋润、色彩明快、变化丰富等特点。但是使用钢笔淡彩渲染，明度变化范围小，因此画面不醒目。另外，由于使用的色彩水分较多，所以色彩不易干，绘制速度较慢。若使用水彩纸或纸板则效果较好，为了防止纸张湿水后收缩不均，也可将绘图纸裱在图板上作画。

2. 步骤

（1）作钢笔画。用针管笔或钢笔在绘图纸上创作出一幅构图完整的钢笔画。

（2）渲染底色。用高光色、饱和色平涂。

（3）初次上色。颜料饱和度要适中，第一次干后，再上第二遍。色度要先淡后深，逐渐加暗。根据因受光强度不同而产生的天空、地面、水体、建筑的立面光影变化，可做复色退晕。

（4）渲染天空。从明到暗，从地面向天空，用红黄暖色向紫色群青退晕。

（5）调整。处理建筑与天空的明暗关系，处理建筑和环境的关系，主体建筑与阴影的关系。刻画细部，渲染配景、地面、水面、远树，远近融合。最后加入人物、车子等（见图7-13～图7-22）。

图7-13 山石景观

图7-14 喷泉景观

组合花台

瓶颈花台

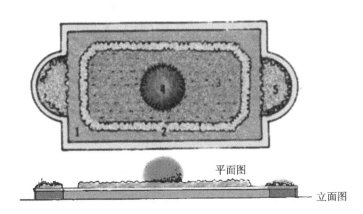

平面图

立面图

方形花台

碗状花台

图7-15 花台景观

图7-16 植物景观

图7-17 园门景观

图7-18 水池、花架景观

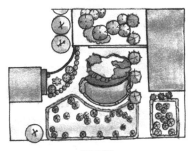

透视图

平面图

图7-19 工厂庭园

透视图

平面图

图7-20 庭园景观（一）

透视图

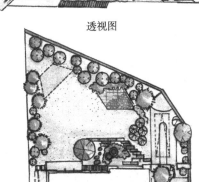

平面图

图7-21 庭园景观（二）

透视图

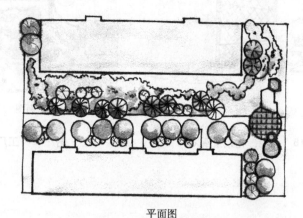

平面图

图7-22　小区宅旁绿化

三、马克笔表现技法

1. 特点

因为马克笔的色彩纯而细致，色彩较多，不需要调色，所以马克笔具有方便快捷的特点。但马克笔也有无法修改的缺点。

2. 步骤

（1）作钢笔画。用针管笔或钢笔在一般的复印纸上打个草稿，创作出一幅构图正确的钢笔画。

（2）作正图。用硫酸纸，绘图笔描上正稿，明确构图主体。

（3）定色调。在硫酸纸的背面，根据图面的大小进行全面的渲染，创作冷色调或暖色调，借此降低马克笔彩色的色度，以免色度过深，又可避免硫酸纸正面的墨线遇到水而化开。

（4）渲染天空。先用浅紫灰色画最远的远景，再用浅蓝灰色接，再向上用蓝色，很快使这几种色相接，迅速融在一起，自然的天空景观即可形成，也可适当留出空白作白云。

（5）渲染水面。水面的色彩应和天空的色彩保持一致，着重绘出环境景物在水中的倒影和留白，注意远深、近淡的效果。

（6）渲染树。一般背景树用冷灰，偏蓝绿，对比要弱；在画面前面的主体树用偏暖色，后面的树用冷色，对比要强，再添加一定的细节部分，色彩就会变得更加丰富。

（7）渲染地面草地。适当用暖色或深绿色，快速添加即可。

（8）构图主体刻画。园林景观往往是以山石、水体、树群、建筑中的重点项目为构图主体。明确主体后，要对它进一步刻画，由浅入深，逐步处理好明暗、冷暖、虚实的关系。

（9）调整。对局部进行一次调整，同一色调的还要对景物的质感做深入刻画。除了用马克笔外，也可在调整阶段适当使用彩色铅笔加以调整（见图7-23～图7-38）。

图7-23　水杉

图7-24　柳树

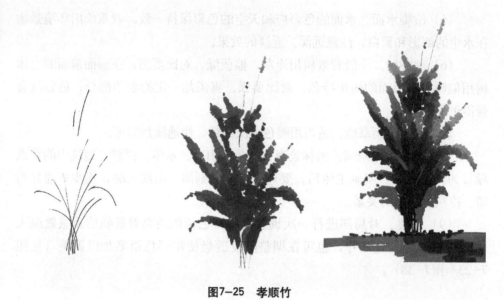

图7-25 孝顺竹

图7-26 雪松

图7-27 黑松

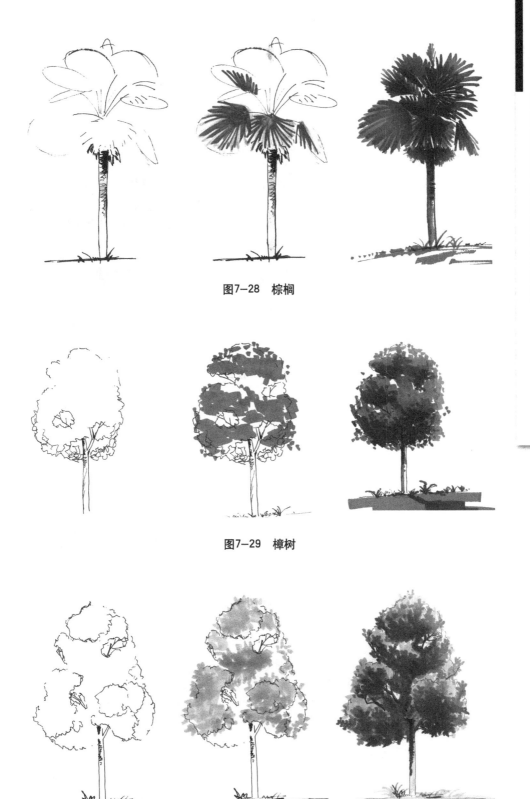

图7-28　棕榈

图7-29　樟树

图7-30　广玉兰

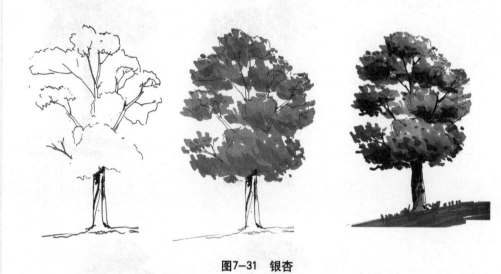

图7-31 银杏

图7-32 园林花架

图7-33　绿色建筑环境景观

图7-34　亲水平台景观

图7-35 水景

图7-36 木花架、桥景

图7-37 居住环境景观

透视图

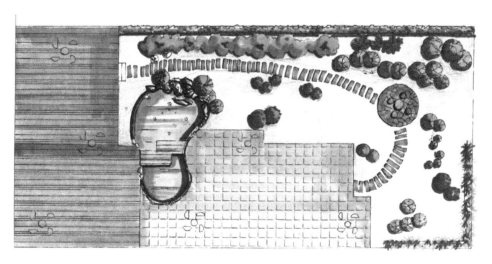

平面图

图7-38 假山、水池景观

参 考 文 献

[1] 胡长龙，城市园林绿化设计[M]．上海：上海科学技术出版社，2003．

[2] 庄裕光，中外建筑小品集粹[M]．成都：四川科学技术出版社，1988．

[3] 夏兰西，王乃弓．建筑与水景[M]．天津：天津科学技术出版社，1986．

[4] 钟训正，建筑画环境表现与技法[M]．北京：中国建筑工业出版社，1985．

[5] 杨世林，建筑设计图册[M]．沈阳：辽宁科学技术出版社，1980．

[6] 章俊华，内心的庭园[M]．昆明：云南大学出版社，1999．